高等职业教育『十三五』规划教材

国家示范性高职院校重点建设专业精品规划教材（土建大类）

国家高职高专土建大类高技能应用型人才培养解决方案

工程质量通病分析及预防

主编／徐小珊　季敏

GONGCHENG
ZHILIANG TONGBING
FENXI JI YUFANG

U0218387

天津大学出版社
TIANJIN UNIVERSITY PRESS

内容简介

本书对建筑工程中的主要分部工程在建筑过程中容易出现的质量问题进行了描述,分析其原因,并依据原因制定有针对性的预防和治理措施。

本书共分为 7 个教学情境,分别为土石方工程质量通病分析及预防、基础工程质量通病分析及预防、钢筋混凝土主体结构质量通病分析及预防、砌体结构工程质量通病分析及预防、钢结构工程质量通病分析及预防、装饰装修工程质量通病分析及预防、特殊工程质量通病分析及预防。

图书在版编目(CIP)数据

工程质量通病分析及预防/徐小珊,季敏主编. ——
天津:天津大学出版社,2019.8(2021.7重印)
高等职业教育"十三五"规划教材　国家示范性高职
院校重点建设专业精品规划教材.土建大类　国家高职高
专土建大类高技能应用型人才培养解决方案
ISBN 978-7-5618-6479-1

Ⅰ.①工… Ⅱ.①徐…②季… Ⅲ.①建筑工程-工
程质量-质量管理-高等职业教育-教材　Ⅳ.
①TU712.3

中国版本图书馆 CIP 数据核字(2019)第 161905 号

出版发行		天津大学出版社
地	址	天津市卫津路 92 号天津大学内(邮编:300072)
电	话	发行部:022-27403647
网	址	publish.tju.edu.cn
印	刷	北京虎彩文化传播有限公司
经	销	全国各地新华书店
开	本	185mm×260mm
印	张	8.5
字	数	206 千
版	次	2019 年 8 月第 1 版
印	次	2021 年 7 月第 2 次
定	价	32.00 元

总　序

　　"国家示范性高职院校重点建设专业精品规划教材（土建大类）"是根据《教育部、财政部关于实施国家示范性高等职业院校建设计划　加快高等职业教育改革与发展的意见》（教高〔2006〕14号）及《教育部关于全面提高高等职业教育教学质量的若干意见》（教高〔2006〕16号）文件精神，为了适应我国当前高职高专教育发展形势，满足社会对高技能应用型人才培养的需求，配合国家示范性高职院校的建设计划，在重构能力本位课程体系的基础上，以重庆工程职业技术学院为载体，开发的与专业人才培养方案捆绑、体现"工学结合"思想的系列教材。

　　本套教材由重庆工程职业技术学院建筑工程学院组织编写，该学院联合重庆建工集团、重庆建设教育协会和兄弟院校的一些行业专家组成教材编审委员会，共同研讨并参与教材大纲的编写和编写内容的审定工作，因此本套教材是集体智慧的结晶。该系列教材的特点：与企业密切合作，制定了突出专业职业能力培养的课程标准；反映了行业新规范、新技术和新工艺；打破了传统学科体系教材编写模式，以工作过程为导向，系统设计课程内容，融"教、学、做"于一体，体现了高职教育"工学结合"的特点。

　　在充分考虑高技能应用型人才培养需求和发挥示范性院校建设作用的基础上，编审委员会基于能力递进工作过程系统化理念构建了建筑工程技术专业课程体系。其具体内容如下。

　　1.调研、论证、确定岗位及岗位群

　　通过毕业生岗位统计、企业需求调研、毕业生跟踪调查等方式，确定建筑工程技术专业的岗位和岗位群为施工员、安全员、质检员、档案员、监理员，其后续提升岗位为技术负责人、项目经理。

　　2.典型工作任务分析

　　根据建筑工程技术专业岗位及岗位群的工作过程，分析工作过程中各岗位应完成的工作任务，采用"资讯、计划、决策、实施、检查、评价"六步骤工作法提炼出"识读建筑工程施工图（综合识图）"等43项典型工作任务。

　　3.将典型工作任务归纳为行动领域

　　根据提炼出的43项典型工作任务，按照是否具有现实、未来以及基础性和范例性意义的原则，将43项典型工作任务直接或改造后归纳为"建筑工程施工图及安装工程图识读、绘制"等18个行动领域。

　　4.将行动领域转换配置为学习领域课程

　　根据"将职业工作作为一个整体的行动过程进行分析"和"资讯、计划、决策、实施、检查、评价"六步骤工作法的原则,构建"工作过程完整"的学习过程,将行动领域或改造后的行动领域转换配置为"建筑工程图识读与绘制"等18门学习领域课程。

5. 构建专业框架教学计划

具体内容参见电子资源。

6. 设计基础学习领域课程的教学情境

由课程建设小组与基础课程教师共同完成基础学习领域课程教学情境的设计。基于专业学习领域课程所需的理论知识和学生后续提升岗位所需知识来系统地设计教学情境,以满足学生可持续发展的需求。

7. 设计专业学习领域课程的教学情境

根据专业学习领域课程的性质和培养目标,校企合作,以图纸类型、材料、对象、分部工程、现象、问题、项目、任务、产品、设备、构件、场地等为载体,并考虑载体具有可替代性、范例性及实用性的特点,对每个学习领域课程的教学内容进行解构和重构,设计出专业学习领域课程的教学情境。

8. 校企合作共同编写学习领域课程标准

重庆建工集团、重庆建设教育协会及一些企业和行业的专家参与了课程体系的建设和学习领域课程标准的开发及审核工作。

在本套教材的编写过程中,编审委员会采用基于工作过程的理念,加强实践环节安排,强调教材用图统一和理论知识应满足可持续发展的需要。本套教材采用了创建学习情境和编排任务的方式,充分满足学生"边学、边做、边互动"的教学需求,达到"所学即所用"的目的和效果。本套教材体系结构合理、编排新颖,而且满足了职业资格考核的要求,实现了理论实践一体化,实用性强,能满足学生完成典型工作任务所需的知识、能力和素质的要求。

追求卓越是本套教材的奋斗目标,为我国高等职业教育发展而勇于实践和大胆创新是编审委员会和作者团队共同努力的方向。在国家教育方针、政策引导下,在编审委员会和作者团队的共同努力下,在天津大学出版社的大力支持下,我们力求向社会奉献一套具有创新性和示范性的教材。我们衷心希望这套教材的出版能够推动高职院校的课程改革,为我国职业教育的发展贡献自己微薄的力量。

编审委员会
2019 年 1 月于重庆

前　言

　　本书是"国家示范性高职院校重点建设专业精品规划教材(土建大类)"编审委员会编写的建筑工程技术类课程规划教材之一。本书主要用于引导学生认识建筑工程中常见的质量通病,并使其掌握相应的预防措施及治理方法,对达到建筑工程技术类专业的培养目标起关键性作用。

　　本书根据职业教育和建筑工程技术类专业的培养目标要求,参照最新的建筑标准和施工规范编写而成,在对岗位职业能力进行调查的基础上,确定岗位任务,分析工作过程,结合阶段性建筑产品特点,按照岗位职业能力要求确定课程内容。本书根据高职高专人才培养目标和工学结合人才培养模式及专业教学改革的要求,利用所有编者多年的教学实践和工程实践经验,采用"边学、边做、边互动"模式,实现"所学即所用"的目的。

　　本书是集体智慧的结晶。建设企业、行业及学校的专家审定了教材编写大纲,参与了教材编写过程中的研讨会。全书由徐小珊统稿、定稿并担任第一主编,第二主编由季敏担任,游普元教授担任主审。参与本书编写的老师有重庆工程职业技术学院的徐小珊、季敏、刘燕、肖能立。

　　学习情境 1 为土石方工程质量通病分析及预防,主要内容包括挖填土方质量通病分析及预防、基坑(槽)边坡开挖质量通病分析及预防。

　　学习情境 2 为基础工程质量通病分析及预防,主要内容包括基础定位质量通病分析及预防、地下防水工程质量通病分析及预防、桩基础工程质量通病分析及预防、基础模板工程质量通病分析及预防、基础钢筋工程质量通病分析及预防、基础混凝土工程质量通病分析及预防。

　　学习情境 3 为钢筋混凝土主体结构质量通病分析及预防,主要内容包括模板工程质量通病分析及预防、钢筋工程质量通病分析及预防、混凝土工程质量通病分析及预防、屋面工程质量通病分析及预防、楼地面工程质量通病分析及预防、构件定位工程质量通病分析及预防。

　　学习情境 4 为砌体结构工程质量通病分析及预防,主要内容包括砌石工程质量通病分析及预防、砌砖工程质量通病分析及预防、砌块工程质量通病分析及预防。

　　学习情境 5 为钢结构工程质量通病分析及预防,主要内容包括钢结构拼装工程质量通病分析及预防、钢结构吊装工程质量通病分析及预防、构件定位工程质量通病分析及预防。

　　学习情境 6 为装饰装修工程质量通病分析及预防,主要内容包括地面工程质量通病分析及预防、墙面工程质量通病分析及预防、门窗工程质量通病分析及预防、涂料工程质量通病分析及预防、其他质量通病分析及预防。

学习情境 7 为特殊工程质量通病分析及预防，主要内容包括水池工程质量通病分析及预防、烟囱工程质量通病分析及预防。

学习情境 1、6 由季敏编写，学习情境 2、3、4 由徐小珊编写，学习情境 5 由肖能立编写，学习情境 7 由刘燕编写。

承蒙重庆建工集团龚文璞副总工、重庆建工第三建设有限责任公司茅苏慧部长及重庆工程职业技术学院建筑专业教学指导委员会的全体委员审定和指导了教材编写大纲及编写内容，在此一并表示感谢。

由于是第一次系统化地基于工作过程并按照建筑的主要分部工程分类编写教材，难度较大，加之编者水平有限，缺点和错误在所难免，恳请专家和广大读者不吝赐教、批评指正，以便我们在今后的工作中不断改进和完善。

编　者

2019 年 4 月

目 录

学习情境 1　土石方工程质量通病分析及预防

任务 1　挖填土方质量通病分析及预防

1.1　挖方边坡塌方

1. 现象

在场地平整过程中或平整后,挖方边坡土方局部或大面积发生塌方或滑塌。

2. 原因分析

(1)采用机械整平时未遵循由上而下、分层开挖的顺序,边坡过陡或坡脚被破坏,使边坡失稳,造成塌方或溜坡。

(2)在有地表滞水、地下水作用的地段开挖边坡,未采取有效的降、排水措施,地表滞水或地下水侵入坡体,使土的黏聚力降低,坡脚被冲蚀掏空,边坡在重力作用下失去稳定性而引起塌方。

(3)软土地段,在边坡顶部大量堆土或建筑材料,或行驶施工机械设备、运输车辆。

3. 预防措施

(1)在斜坡地段开挖边坡时应遵循由上而下、分层开挖的顺序,合理放坡,不使边坡过陡,同时避免切割坡脚,以防边坡失稳造成塌方。

(2)在有地表滞水或地下水作用的地段,应做好降、排水措施,以拦截地表滞水和地下水,避免冲刷坡面和掏空坡脚,防止坡体失稳。特别是在软土地段开挖边坡时,应降低地下水位,防止边坡发生侧移。

(3)施工中应避免在坡顶堆土和存放建筑材料,避免行驶施工机械设备和车辆,以减轻坡体负担,防止塌方。

4. 治理方法

对临时性边坡塌方,可将塌方清除,将坡顶线后移或将坡度改缓;对永久性边坡局部塌方,在将塌方松土清除后,用块石填砌或由下而上分层回填 2∶8 或 3∶7 灰土嵌补,与土坡面接触部位做成台阶式搭接,使其紧密接合。

1.2 填方边坡塌方

1. 现象

填方边坡塌陷或滑塌,造成坡脚处土方堆积,坡顶上部土体开裂。

2. 原因分析

(1)边坡过陡,因坡体自重或地表滞水作用使边坡土体失稳而导致塌陷或滑塌。

(2)边坡基底的草皮、淤泥、松土未清理干净,与原陡坡接合处未挖成阶梯形搭接,填方土料采用了淤泥质土等不合要求的土料。

(3)边坡填土未按要求分层回填压(夯)实,密实度差,黏聚力低,自身稳定性不够。

(4)坡顶、坡脚未做好排水措施,由于水的渗入,土的黏聚力降低,或坡脚被冲刷掏空而造成塌方。

3. 预防措施

(1)永久性填方的边坡坡度应根据填方高度、土的种类和工程重要性按设计规定放坡,如设计无规定,填方的边坡坡度值可参考表1.1。当填土边坡用不同土料进行回填时,应根据分层回填土料类别,将边坡做成折线形。

表1.1 永久性填方的边坡坡度

项次	土的种类	填方高度(m)	边坡坡度
1	黏土类土、黄土、类黄土	6	1:1.5
2	粉质黏土、泥炭岩土	6~7	1:1.5
3	中砂和粗砂	10	1:1.5
4	砾石和碎石土	10~12	1:1.5
5	易风化的岩石	12	1:1.5

(2)对使用时间较长的临时填方边坡,当填方高度在10 m以内时,坡度可采用1:1.5;填方高度超过10 m后,可将边坡做成折线形,上部坡度为1:1.5,下部坡度采用1:1.75。

(3)填方应选用符合要求的土料,避免采用腐殖土和未经破碎的大块土作为边坡填料。边坡施工应按填土压实标准进行水平分层回填、碾压或夯实。当采用机械碾压时,应注意保证边缘部位的压实质量;对不要求边坡修整的填方,边坡宜宽填0.5 m,对要求边坡整平拍实的填方,宽填0.2 m。机械压实不到的部位,配以小型机具和人工夯实。填方场地起伏之处,应修筑1:2阶梯形边坡。分段填筑时,每层接缝处应做1:1.5斜坡,以保证接合质量。

(4)在气候、水文和地质条件不良的情况下,对黏土、粉砂、细砂、易风化岩石边坡以及黄土类缓边坡,应于施工完毕后,随即进行防护。填方铺砌表面应预先整平,充分夯压密实,沉陷处应填平捣实。边坡防护根据边坡土的种类和使用要求采用浆砌或干砌片(卵)石及铺草皮、喷浆、抹面等措施。其中铺草皮较为经济易行,不受边坡高度限制,边坡亦可稍陡。

(5)在边坡上、下部做好排水沟,避免在影响边坡稳定的范围内积水。

4. 治理方法

对边坡局部塌陷或滑塌,可将松土清理干净,将边坡与原坡接触部位做成阶梯形,用好土或 3:7 灰土分层回填、夯实、修复,并做好坡顶、坡脚的排水措施。对大面积塌方,应考虑将边坡修成缓坡,做好排水和表面罩覆措施。

1.3　填方出现橡皮土

1. 现象

填土受夯打(碾压)后,受夯打(碾压)处下陷,四周鼓起,呈软塑状态,而体积并没有压缩,人踩上去有一种颤动的感觉。在人工填土地基内,成片出现这种橡皮土(又称弹簧土),将使地基的承载力降低,变形加大,地基长时间不能得到稳定。

2. 原因分析

在含水量很大的黏土或粉质黏土、淤泥质土、腐殖土等原状土地基上进行回填,或采用这些土作为土料进行回填时,由于原状土被扰动,颗粒之间的毛细孔遭到破坏,水分不易渗透和散发。施工时气温较高,对填土进行夯打或碾压,其表面易形成一层硬壳,这层硬壳阻止了水分的渗透和散发,因而使填土成为软塑状态的橡皮土。这种土埋藏越深,水分散发越慢,橡皮土现象长时间内不易消失。

3. 预防措施

(1)夯(压)实填土时,应适当控制填土的含水量,土的最优含水量可通过击实试验确定,也可采用 $w_p \pm 2\%$ 作为土的施工控制含水量(w_p 为土的塑限)。工地简单检验,一般以手握成团、落地开花为宜。

(2)避免在含水量过大的黏土、粉质黏土、淤泥质土、腐殖土等原状土上进行回填。

(3)填方区有地表水时,应设排水沟排水;有地下水时应降低水位至基底 0.5 m 以下。

(4)暂停一段时间回填,使橡皮土含水量逐渐降低。

4. 治理方法

(1)将干土、石灰粉、碎砖等吸水材料均匀掺入橡皮土中,吸收土中水分,降低土的含水量。

(2)将橡皮土翻松、晾晒、风干至最优含水量范围,再夯(压)实。

(3)将橡皮土挖除,换土回填夯(压)实,或用 3:7 灰土、级配砂石夯(压)实。

1.4　填土密实度达不到要求

1. 现象

回填土经碾压或夯实后,达不到设计要求的密实度,这将使填土场地、地基在荷载作用下变形量增大,承载力和稳定性降低,或导致其不均匀下沉。

2.原因分析

(1)填方土料不符合要求,采用了碎块草皮、有机质含量大于8%的土及淤泥、淤泥质土、杂填土作为填料。

(2)土的含水量过大或过小,因而达不到最优含水量下的密实度要求。

(3)填土厚度过大或压(夯)实遍数不够,或机械碾压时行驶速度太快。

(4)碾压或夯实机具能量不够,达不到影响深度要求,使密实度降低。

3.预防措施

(1)选择符合填土要求的土料回填。

(2)填土的密实度应根据工程性质确定,一般将土的压实系数换算为干密度来控制。无设计要求时,压实系数 λ_c 可参考表1.2选用。

表1.2 填方质量控制值(压实系数)

项次	填方类型	填方部位	压实系数 λ_c
1	砖石承重结构及框架结构(简支结构与排架结构)	在地基主要受力层范围以内	≥0.95(0.94)
		在地基主要受力层范围以下	≥0.90
2	轻型建筑或厂区管网	在地基主要受力层范围以内	≥0.90
		在地基主要受力层范围以下	≥0.85
3	室内外地坪	有整体面层时的填土垫层	≥0.90
		无整体面层时的填土垫层	≥0.85
4	厂区道路	整体面层的垫层	≥0.95
5	一般场地	无建筑区	≥0.85

(3)对有密实度要求的填方,应按所选用的土料、压实机械性能,通过试验确定含水量控制范围、每层铺土厚度、压(夯)实遍数、机械行驶速度(振动碾压为2 km/h,羊足碾为3 km/h),严格进行水平分层回填、压(夯)实,以达到设计规定的质量要求。

(4)加强对土料、含水量、施工操作和回填土干密度的现场检验,按规定取样,严格控制每道工序的质量。土的最优含水量和最大干密度参考表1.3。

表1.3 土的最优含水量和最大干密度

土的种类	最优含水量(%)(重量比)	最大干密度(t/m³)	土的种类	最优含水量(%)(重量比)	最大干密度(t/m³)
砂土	8~12	1.80~1.88	粉质黏土	12~15	1.85~1.95
粉土	16~22	1.61~1.80	黏土	19~23	1.58~1.70

4.治理方法

(1)土料不合要求时应挖出,换土回填或掺入石灰、碎石等压(夯)实加固。

(2)对含水量过大、达不到密实度要求的土层,可翻松、晾晒、风干或均匀掺入干土及其他吸水材料,重新压(夯)实。

(3)当含水量过小时,应预先洒水润湿;当碾压机具能量过小时,可采取增加压实遍数或使用大功率压实机械碾压等措施。

1.5   场地积水

1.现象

在建筑场地平整过程中或平整完成后,场地高低不平,局部或大面积出现积水。

2.原因分析

(1)填土面积较大或场地较深时,未分层回填、压(夯)实,土的密实度不均匀或不够,遇水产生不均匀下沉,造成积水。

(2)场地周围未设排水沟,或场地没有一定排水坡度,或存在反向排水坡。

(3)测量错误。

3.预防措施

(1)平整前,对整个场地进行有组织排水系统设计。施工时,本着先地下后地上的原则,先做好排水设施,使整个场地排水顺畅。排水坡的设置应按设计要求进行;设计没有要求时,地形平坦的场地,纵横方向应有不小于0.2%的坡度,以利泄水。在场地周围或场地内,设置排水沟(截水沟),其截面、流速、坡度等应符合有关规定。

(2)对场地内的填土进行分层回填、压(夯)实,使其密实度不低于设计要求。设计无要求时,一般也应分层回填、分层压(夯)实,使填土的相对密实度不低于85%,避免松填。填土压(夯)实方法应根据土的类别和工程条件合理选用。

(3)做好测量的复核工作,防止出现标高误差。

4.治理方法

对已积水的场地,应立即疏通排水和采用截水设施,将水排除。对场地未做排水坡度或坡度小的部位,应重新修坡;对局部低洼处,应填土找平,压(夯)实至符合要求,避免再次积水。

1.6   冲沟

1.现象

在黄土冲积阶地或坡面上出现大量纵的、横的或纵横交错的较窄的沟谷及沟壁较陡的沟道,使地表面凹凸不平。它们有的深达5~6 m,沟底堆积松软土层,使场地土层软硬不均。

2. 原因分析

冲沟多由于暴雨冲刷剥蚀坡面形成。雨水先在低凹处将坡面土粒带走,冲蚀出小穴,小穴逐渐扩大成浅沟,以后进一步冲刷,就成为冲沟。其形状宽窄不一,较深的沟槽使地形、地貌、土层遭到破坏。

3. 防治措施

(1)对地面上的冲沟,可将沟底松土清除,用好土分层回填、夯(压)实。因其土质结构松散,承载力低,如用作地基,应进行加宽处理。

(2)对边坡上的冲沟,可用好土或3:7灰土分层回填、夯实,或用砌块石填砌至坡面,在坡顶做排水沟及反水坡,以阻止冲刷坡面,在边坡下部设排水沟,以防止冲蚀坡脚。

1.7 落水洞、土洞

1. 现象

在黄土地区的地面或坡面上出现落水暗道,有的表面呈喇叭口下陷,造成边坡塌方或塌陷;在黄土层或岩溶地区可溶性岩土的黏土层或碎石黏土混合层中,出现圆形或椭圆形(或漏斗状)大小不一的洞穴(土洞),有互相连通的,也有独立封闭的,它们成为排泄地表径流的暗道。它们具有埋藏浅、分布密、发育快、顶板强度低等特性,发展到一定程度,亦会影响稳定,造成场地塌陷或边坡塌方。

2. 原因分析

落水洞、土洞的形成与发育,与土层性质、地质构造、水的活动等因素有关,但多由于地表水在黏土层的凹地积聚、下渗、冲蚀或地下水位频繁升降潜蚀,将土中的细颗粒带走而形成。

3. 防治措施

(1)对地表较浅的落水洞、土洞及塌陷地段,可将上部挖开,清除松软土,用好土、灰土或砂砾石分层回填夯实,面层用黏土夯填,并使其比周围地表略高些,同时做好地表水的截流、防渗、堵漏工作,阻止其下渗。

(2)对深落水洞,可用砂、砂砾石、片石或素混凝土填灌密实,面层用黏土夯实;亦可采用灌浆挤密法加固,方法是在地表钻两个孔至洞内,一个为灌浆孔,另一个为排气孔,用压浆泵将水泥砂浆压入洞内,气体由排气孔排出,使灰浆充满洞穴孔隙,硬化后形成实体。

(3)对因地下水形成的深落水洞或土洞,应先将洞底软土挖除,抛填块石,并从下到上用砂砾做反滤层,面层用黏土夯填密实。

任务 2　基坑(槽)边坡开挖质量通病分析及预防

2.1　挖方边坡塌方

1.现象

在挖方过程中或挖方后,基坑(槽)边坡土方局部或大面积塌落或滑塌,使地基土受到扰动,承载力降低,严重的会影响建筑物的稳定和施工安全。

2.原因分析

(1)基坑(槽)开挖较深,放坡不够;挖方尺寸不够,将坡脚挖去;通过不同土层时,没有根据土的特性分别放不同坡度,致使边坡失去稳定而造成塌方。

(2)在有地表水、地下水作用的土层开挖基坑(槽)时,未采取有效的降、排水措施,使土层湿化,黏聚力降低,在重力作用下失去稳定而引起塌方。

(3)边坡顶部堆载过大,或受车辆、施工机械等外力振动,使坡体内剪切应力增大,土体失去稳定而导致塌方。

(4)土质松软,开挖次序、方法不当而造成塌方。

3.预防措施

(1)根据土的种类、物理性质(如土的内摩擦角、黏聚力、湿度、密度、休止角等)确定适当的边坡坡度。常见土的物理性质参考数值见表1.4。永久性挖方的边坡坡度,应按设计要求放坡,一般为1:1.0~1:1.5。临时性挖方的边坡坡度,在山坡整体稳定的情况下,如地质条件良好,土质较均匀,应按表1.5确定。

表 1.4　常见土的物理性质参考数值

土的名称	土的状态	内摩擦角 φ	黏聚力 c (MPa)	休止角 α	土的名称	土的状态	内摩擦角 φ	黏聚力 c (MPa)	休止角 α
粗砂	干	40°	0	30°	粉土	干	26°	0.02	40°
	湿	35°	0	25°		湿	18°	0.005	25°
细砂	干	28°	0	28°	粉质黏土	干	24°	0.06	40°
	湿	32°	0	20°		湿	21°	0.008	30°
粉砂	干	36°	0.005	25°	黏土	干	20°	0.10	50°
	湿	28°	0.002	20°		湿	8°~10°	0.01	15°

注:干土指含水量适当、呈坚硬状态的土;湿土指饱和度大于50%的土,湿黏性土呈软塑状态。

表 1.5　临时性挖方边坡坡度值

土的类别		边坡值(高:宽)
砂土(不包括细砂、粉砂)		1:1.25～1:1.50
一般性黏土	硬	1:0.75～1:1.00
	硬塑	1:1.00～1:1.25
	软	1:1.50 或更缓
碎石类土	充填坚硬、硬塑黏性土	1:0.50～1:1.00
	充填砂土	1:1.00～1:1.50

注:1.设计有要求时,应符合设计标准。

　　2.如采用降水或其他加固措施,可不受本表限制,但应进行计算复核。

　　3.开挖深度,对软土不应超过 4 m,对硬土不应超过 8 m。

　　4.不放坡施工时,应采用砖或钢筋混凝土护壁加固,或采用临时挡板支撑。

　　5.通常采用逆作法进行施工。

(2)开挖基坑(槽)和管沟时,如地质条件良好,土质均匀,且地下水位低于其底面标高,挖方深度在 5 m 以内不加支撑的边坡的最大坡度,应按表 1.6 采用。

表 1.6　深度在 5 m 以内不加支撑的基坑(槽)、管沟边坡的最大坡度

土的类别	边坡坡度(高:宽)		
	坡顶无荷载	坡顶有静载	坡顶有动载
中密的砂土	1:1.00	1:1.25	1:1.50
中密的碎石类土(充填物为砂土)	1:0.75	1:1.00	1:1.25
硬塑的粉土	1:0.67	1:0.75	1:1.00
中密的碎石类土(充填物为黏性土)	1:0.50	1:0.67	1:0.75
硬塑的粉质黏土、黏土	1:0.33	1:0.50	1:0.67
老黄土	1:0.10	1:0.25	1:0.33
软土(经井点降水后)	1:1.00	—	—

注:1.静载指堆土或材料等,动载指机械挖土或汽车运输作业等。静载或动载距挖方边缘的距离应不小于 0.8 m,高度不超过 1.5 m。

　　2.当有成熟的施工经验时,可不受本表限制。

(3)当地质条件良好,土质均匀,且地下水位低于基坑(槽)或管沟底面标高时,挖方边坡可做成直立壁不加支撑,但挖方深度不得超过表 1.7 规定的数值。砌筑基础或其他地下结构设施施工,应在管沟挖好后立即进行。当施工期较长,挖方深度大于表 1.7 规定的数值时,应做成直立壁加设支撑。

表 1.7 基坑(槽)和管沟做成直立壁不加支撑的容许深度

项次	土的类别	容许挖方深度(m)
1	密实、中密的砂土和碎石类土(充填物为砂土)	≤1.00
2	硬塑、可塑的粉质黏土及粉土	≤1.25
3	硬塑、可塑的黏土和碎石类土(充填物为黏性土)	≤1.50
4	坚硬的黏土	≤2.00

(4)做好地面排水工作,避免在影响边坡稳定的范围内积水,造成边坡塌方。当基坑(槽)开挖范围内有地下水时,应采取降、排水措施,将水位降至基底 0.5 m 以下方可开挖,并持续到回填完毕。

(5)在坡顶上弃土、堆载时,弃土堆坡脚至挖方上边缘的距离,应根据挖方深度、边坡坡度和土的性质确定。当土质干燥密实时,其距离不得小于 3 m;当土质松软时,不得小于 5 m,以保证边坡的稳定。

(6)土方开挖应自上而下、分段分层依次进行,随时做成一定的坡度,以利泄水,避免先挖坡脚,造成坡体失稳。相邻基坑(槽)和管沟开挖时,应遵循先深后浅或同时进行的施工顺序,并及时做好基础或铺管,尽量防止对地基的扰动。

4. 治理方法

(1)对基坑(槽)塌方,可将坡脚塌方清除,做临时性支护(如堆装土编织袋或草袋、设支撑、砌砖石护坡墙等)。

(2)对永久性边坡局部塌方,可将塌方清除,用块石填砌或回填 2:8 或 3:7 灰土嵌补,将边坡与土接触部位做成台阶形搭接,防止滑动;或将坡顶线后移;或将坡度改缓。

2.2 基坑(槽)回填土沉陷

1. 现象

基坑(槽)填土局部或大片出现沉陷,造成靠墙地面、室外散水空鼓下陷,建筑物基础积水,有的甚至引起建筑结构不均匀下沉,出现裂缝。

2. 原因分析

(1)基坑(槽)中的积水、淤泥、杂物未清除就回填;基础两侧用松土回填,未经分层夯实;槽边松土落入基坑(槽),夯填前未认真进行处理,回填后土受到水的浸泡产生沉陷。

(2)基槽宽度较窄,采用手夯回填,未达到要求的密实度。

(3)回填土料中夹有大量干土块,受水浸泡产生沉陷;采用含水量大的黏性土、淤泥质土、碎块草皮作为土料,回填质量不合要求。

(4)回填土采用水泡法沉实,含水量大,密实度达不到要求。

3. 预防措施

(1)基坑(槽)回填前,应将槽中积水排净,将淤泥、松土、杂物清理干净,如有地下水或地表滞水,应有排水措施。

(2)回填土应严格分层回填、夯实。每层虚铺土厚度不得大于300 mm。土料和含水量应符合规定。回填土密实度要按规定抽样检查,以符合要求。

(3)填土土料中不得含有直径大于50 mm的土块,不应有较多的干土块,急需进行下道工序时,宜用2∶8或3∶7灰土回填、夯实。

(4)严禁用水沉法回填土方。

4.治理方法

(1)基坑(槽)回填土沉陷造成墙脚散水空鼓,如混凝土面层尚未破坏,可填入碎石,侧向挤压捣实;若面层已经裂缝破坏,则应视面积大小或损坏情况,局部或全部返工。局部处理可用锤、凿将空鼓部位打去,填灰土或黏土、碎石混合物夯实,再做面层。

(2)回填土沉陷引起结构物下沉时,施工单位应会同设计部门针对具体情况采取加固措施。

2.3 房心回填土下沉

1.现象

房心回填土局部或大片下沉,造成地坪垫层面层空鼓、开裂甚至塌陷破坏。

2.原因分析

(1)填土土料中含有大量有机质和大土块,有机质腐朽造成填土沉陷。

(2)填土未按规定厚度分层回填、夯实,或底部松动,仅表面夯实,密实度不够。

(3)房心处局部有软弱土层,或有地坑、坟坑、积水坑等地下坑穴,施工时未处理或未发现,使用后荷重增加,造成局部塌陷;冬期回填土中含有冰块。

3.预防措施

(1)选用较好的土料回填,将土的含水量控制在最优范围以内,严格按规定分层回填、夯实,并抽样检验密实度使其符合质量要求。

(2)回填土前,应对房心原自然软弱上层进行认真处理,将有机杂质清理干净。

(3)房心回填土深度较大(>1.5 m)时,在建筑物外墙基回填土时需采取防渗措施,或在建筑物外墙基外采取加抹一道水泥砂浆或刷一道沥青胶等防水措施,以防水大量渗入房心填土部位,引起下沉。

(4)对面积大且使用要求较高的房心填土,应先用机械将原自然土碾压密实,然后进行回填。

4.治理方法

可参见2.2"基坑(槽)回填土沉陷"的治理方法(1)。

2.4 回填土渗漏水引起地基下沉

1. 现象

因基槽室外回填土渗漏水而导致地基下沉,引起结构变形、开裂。

2. 原因分析

(1)建筑场地表层为透水性强的土,外墙基槽回填仍采用这种土料,地表水大量渗入浸湿地基,导致地基下沉。

(2)基槽及其附近局部存在透水性较强的土层,未经处理,形成水囊浸湿地基,引起下沉。

(3)基础附近管道漏水。

3. 预防措施

(1)外墙基槽应用黏土、粉质黏土等透水性较弱的土料回填,或用2:8或3:7灰土回填。

(2)基槽及其附近局部存在透水性较强的土层,应将其挖除或用透水性较弱的土料封闭,使其与地基隔离,并在下层透水性较弱的土层表面设适当的排水坡度或设置盲沟。

(3)若基础附近管道漏水,应及时堵截或挖沟排水。

4. 治理方法

(1)如地基下沉严重并继续发展,应将基槽透水性强的回填土挖除,重新用黏土或粉质黏土等透水性较弱的土回填、夯实,或用2:8或3:7灰土回填、夯实。

(2)如地基下沉较轻并已稳定,可按2.2"基坑(槽)回填土沉陷"的治理方法(1)处理。

本章习题

1. 试叙述挖方边坡塌方的产生原因、预防措施及治理方法。

2. 试叙述填方边坡塌方的产生原因、预防措施及治理方法。

3. 试叙述填方出现橡皮土的原因、预防措施及治理方法。

4. 试叙述填土密实度达不到要求的原因、预防措施及治理方法。

5. 试叙述场地积水的原因、预防措施及治理方法。

6. 试叙述基坑(槽)回填土沉陷的原因、预防措施及治理方法。

7. 试叙述房心回填土下沉的原因、预防措施及治理方法。

8. 试叙述回填土渗漏水引起地基下沉的原因、预防措施及治理方法。

学习情境 2　基础工程质量通病分析及预防

任务 1　基础定位质量通病分析及预防

1.1　放线的基本方法

基础工程施工中,现场放线常用的方法有两种:一种是用龙门板、钢尺定位放线,见图 2.1;另一种是仪器测量放线(图 2.2)。前者根据图纸已知的控制点或现场确定的控制点,在距离将要放线的建筑物基础边缘一定位置处打桩,架设龙门板,先用钢尺丈量控制点间的距离(这个尺寸要大一点,一般取值为 6 m、8 m、10 m),然后用钢尺在控制线上量取相应尺寸并用红铅笔在控制线上做出标记,随后将控制线拉直、拉紧并固定在龙门板上。用钢尺再校对一次控制线的尺寸,确认无误后根据图纸上的轴线交点和轴线尺寸用钢尺量取放点,将垂球垂于地面,这样就可以用石灰粉画出基础的平面开挖线了,同时应用水准仪在龙门板上测放控制高程。后者采用经纬仪或全站仪,只要根据图纸已知的控制点或现场确定的控制点、图纸上的距离、角度关系就可测量确定轴线的具体位置。

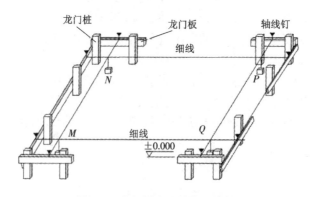

图 2.1　龙门板定位放线示意图

图 2.2　仪器测量放线

1.2　现场放线

现场放线是为了方便工人干活,也是为了严格按照设计图纸进行施工。一般来说,所有的建筑轴线可称为大线,相应的小线就是结构构件的边线和尺寸线。放线的主要思路是将设计图纸的尺寸照搬到地面上,以方便整个工程按照设计图纸尺寸施工。放线是为了使所有的施工有尺寸依据,钢筋工绑扎钢筋要以线为依据,找准位置,木工支模板、瓦工砌墙也要以线为依据。

1.3　施工放线

1.建筑定位

建筑定位是房屋建筑工程开工后的第一次放线,参加建筑定位的人员有城市规划部门(或其下属的测量队)及施工单位的专业测量人员,他们根据建筑规划定位图进行定位,最后在施工现场形成至少4个定位桩。放线工具为全站仪或比较高级的经纬仪。

2.基础定位放线

建筑定位桩设定后,由施工单位的专业测量人员、施工现场负责人及监理人员共同对基础工程进行放线及测量复核(监理人员主要进行旁站监督、验证),放出所有建筑物轴线的定位桩(根据建筑物大小也可间隔轴线放线),所有轴线的定位桩都是根据规划部门的定位桩(至少4个)及建筑物底层施工平面图进行放线的。放线工具为经纬仪。

基础定位放线完成后,由施工现场的测量员及施工员依据定位的轴线放出基础的边线,然后进行基础开挖。放线工具包括经纬仪、龙门板、线绳、线坠子、钢卷尺等。规模不大的工程可能没有测量员,这时由施工员放线。

这里要特别注意的是,基础轴线定位桩在基础定位放线的同时须引到拟建建筑物周围的永久建筑物或固定物上,这样当轴线定位桩遭破坏时便于补救。

1.4 基础定位放线的常见问题及处理措施

1. 主要轴线桩的准确测设和长期稳定保留的问题

建筑物的定位轴线是根据设计给定的定位依据和定位条件放出的,定位放线是确定平面位置和开挖的关键环节,施测中心必须保证精度,杜绝错误。在高层建筑施工中,地下工程较多,基础开挖范围较大,开挖区内的各种中线和轴线均会被挖掉,而在地下、地上各层施工中,又需要准确、迅速地恢复定位轴线位置,以保证同一条轴线或中线在各层上投测的位置在同一铅直面内。故在建筑物定位放线中,首先要考虑主要轴线或中线桩的准确测设和长期稳定保留的问题。为此,在建筑物定位放线中,首先测设建筑物矩形控制网(见图 2.3),它是测设在槽外 1 ~ 5 m(根据现场情况而定)处的一个控制网。

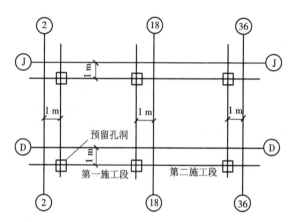

图 2.3 建筑物矩形控制网

其次,还应该注意在测设矩形控制网以前确认和检测定位依据。当定位依据是规划红线、道路中心线或测量控制点时,在同建设单位、设计单位和监理单位在现场当面交桩后,要根据各点的坐标值、标高值计算其间距、夹角和高差,并实地校测各桩位是否正确,若有不符,应请建设单位妥善处理。定位之前,应校测所有点位,以防误用被碰动过的桩位和沉降变位的桩位。

2. 建筑物矩形控制网的测设与放线

根据建筑物定位条件、矩形网距、建筑物四廓轴线关系以及现场情况确定矩形控制网的测设方法。

在建筑物矩形控制网的四边上,测定建筑物各大角的中线或轴线控制桩(也叫引桩)。测设时要以各边的两端控制桩为准,量通尺测定该边上各轴线控制桩后,再校核各桩间距。

根据各中线、轴线的控制桩测定建筑物各大角和中线、轴线桩,在校测各桩间距和方格后,若高层竖向使用外控,还要将主要轴线准确地延长到建筑物高度以外且能稳定保留桩位的地方,或附近现有建筑物的墙面上。

根据建筑物的轴线桩或控制桩,按基础图撒好基槽灰线。这项工作虽然精度要求不高,但是容易出错。因此,在自验合格后,应请建设、监理单位或者其他相关单位验线。验线时,首先要检查定位依据的正确性和定位条件的几何尺寸,再检查建筑物矩形控制网和建筑四廓尺寸及轴线间距,这是保证建筑物定位条件和本身尺寸正确的重要措施。

3.基础放线

轴线控制桩的检测:根据建筑物矩形控制网的四角,检测各轴线控制桩位确实没有被碰动过或发生位移后方可使用。当建筑物轴线较为复杂时,如60°柱网或任意角度的柱网,或测量放线使用平行借线时,都要特别注意防止用错轴线控制桩。

四大角、四廊轴线和主轴线的投测:根据基槽边上的轴线控制桩,用经纬仪向基础垫层上投测建筑物的四大角、四廊轴线和主轴线,经闭合校核后,再详细放出细部轴线。

基础细部线位的测定:根据基础图,以各轴线为准,用墨线弹出基础施工中所需要的中线、边界线、墙宽线、桩位线、集水坑线等。

4.验线要求

验线时,首先要检查各轴线控制桩有无用错和发生位移,然后用经纬仪检查各轴线的投测位置,最后实量四大角和各轴线的相对位置,以防整个基础在基槽内移动错位。另外,验线时还应检查垫层顶面的标高。基础验线的允许偏差如表2.1所示。

表2.1　基础验线的允许偏差

量测长度 $L(\mathrm{m})$	允许偏差(mm)
$L \leqslant 30$	±5
$30 < L \leqslant 60$	±10
$60 < L \leqslant 90$	±15
$L > 90$	±20

任务2　地下防水工程质量通病分析及预防

2.1　地下防水工程概述

地下防水工程是指对工业与民用建筑地下工程、防护工程、隧道及地下铁道等建(构)筑物进行防水设计、防水施工和维护管理等各项技术工作的工程实体。

在实际工程中,一般采用钢筋混凝土自防水结合柔性防水卷材进行地下工程的防水工作。根据工程的实际需要,地下防水工程的防水等级分为四级,如表2.2所示。

表 2.2　地下防水工程的防水等级

防水等级	防水标准	适用范围
一级	不允许渗水,结构表面无湿渍	人员长期停留的场所;有少量湿渍会使物品变质、失效的贮物场所及严重影响设备正常运转和危及工程安全运营的部位;极重要的战备工程
二级	不允许漏水,结构表面可有少量湿渍 工业与民用建筑:总湿渍面积不应大于总防水面积的1‰;任意100 m² 防水面积上的湿渍不超过2处,单个湿渍的最大面积不大于0.1 m² 其他地下工程:总湿渍面积不应大于总防水面积的2‰;任意100 m² 防水面积上的湿渍不超过3处,单个湿渍的最大面积不大于0.2 m²;其中,隧道工程还要求平均渗水量不大于0.5 L/(m²·d),任意100 m² 防水面积上的渗水量不大于0.15 L/(m²·d)	人员经常活动的场所;有少量湿渍不会使物品变质、失效的贮物场所及基本不影响设备正常运转和工程安全运营的部位;重要的战备工程
三级	有少量漏水点,不得有线流和漏泥砂 任意100 m² 防水面积上的漏水或湿渍点数不超过7处,单个漏水点的最大漏水量不大于2.5 L/d,单个湿渍的最大面积不大于0.3 m²	人员临时活动的场所;一般战备工程
四级	有漏水点,不得有线流和漏泥砂 整个工程平均漏水量不大于2 L/(m²·d),任意100 m² 防水面积上的平均漏水量不大于4 L/(m²·d)	对渗漏水无严格要求的工程

2.2　地下防水工程常见质量问题及其处理措施

1. 混凝土质量缺陷引起的渗漏

1)原因分析

混凝土蜂窝、麻面、露筋、孔洞等造成地下室渗水,主要原因是配合比不准,坍落度过小,长距离运输和自由入模高度过大造成混凝土离析;局部钢筋过密或预留洞口的下部混凝土无法进入,振捣混凝土时漏振或者跑模漏浆等。

2)处理措施

对混凝土应严格计量,搅拌均匀,长距离运输后要进行二次搅拌。对于自由入模高度过高者,应使用串桶滑槽,浇筑应按施工方案分层进行,振捣密实。对于钢筋密集的部位,应该调整石子级配,较大的预留洞下应预留浇筑口。模板应支设牢固,在混凝土浇筑过程中,应指派专人在浇筑过程中"看模"。

2.施工缝引起的渗漏

1)原因分析

主要原因:一是施工缝留设位置不恰当;二是施工时施工缝表面处理得不干净,造成新旧混凝土未能很好地结合;三是钢筋过密,混凝土捣实有困难等。

2)处理措施

首先,施工缝的设置位置应符合设计要求,防水薄弱部位及底板上不应留设施工缝,墙板上如必须留设垂直缝,应与变形缝一致;其次,施工缝的留设、清理及新旧混凝土的接浆等应有统一部署,由专人负责。此外,设计人员在确定钢筋布置位置和墙体厚度时,应考虑施工方便,以保证工程质量。如果施工缝渗水,可采取防水堵漏措施进行修补。

3.混凝土构件裂缝引起的渗漏

1)原因分析

混凝土构件产生裂缝的原因有很多,如混凝土干缩、温度变化、水泥用量过大或水泥安定性不好等。

2)处理措施

防水混凝土所用水泥必须经过检测,杜绝使用安定性不合格的产品,混凝土配合比由实验室提供,并严格控制水泥用量。对于地下室底板等大体积的混凝土施工,应遵守大体积混凝土施工的相关规定,严格控制温差。设计时应综合考虑诸多不利因素,使结构具有足够的安全度,并合理设置变形缝,以适应结构变形。

4.预埋件部位引起的渗漏

1)原因分析

主要原因:一是预埋件过密,预埋件周围的混凝土振捣不密实;二是在混凝土终凝前碰撞了预埋件,使预埋件松动;三是预埋件铁脚过长,穿透混凝土层,又没按规定焊好止水环;四是预埋管子有裂缝、砂眼、瑕疵,地下水通过管壁渗漏等。

2)处理措施

预埋件要有可靠的固定措施,预埋件密集处应有合理可行的施工措施,预埋件铁脚应按规定焊好止水环。地下室管线应设计在地下水位以上,穿墙管道一律设置防水套管,管道与套管采用柔性连接。

5.地下室底板引起的渗漏

1)原因分析

有人认为地下室底板较厚,靠混凝土自身的抗渗性能防水就行,不设附加防水层能节省一大笔资金,于是在土建工程中省略该工序。殊不知这样一来,整个地下室底板常年受到地下水侵蚀,难免会有渗漏点,从而由点及面,全面突破,导致很多地下工程被弃用。地下室底板有渗漏点,虽然可以采取堵漏措施进行局部处理,但由于底板受水侵蚀,其寿命缩短这一事实已无法改变。

2）处理措施

根据大量工程经验，应该对底板进行防水设防设计，最佳处理措施为在混凝土垫层上设两道三元乙丙卷材或者采用焊接卷材，再在防水层上设置隔离保护层，最后扎钢筋浇筑混凝土地下室底板。

6.地下室外墙引起的渗漏

地下室外墙侧壁防水应与底板的防水整体密封连接，外侧墙体上部防水应做至 ±0.000 以下位置或室外地坪以上 500 mm 处。外墙防水，如果在潮湿环境中，宜采用聚合物水泥基防水材料；在确保基面干燥的情况下，宜采用非水性防水材料或自粘型防水卷材。

防水保护层施工完毕后，回填过程中防水保护层的保护工作也是比较重要的。柔性防水在回填过程中易被坚硬的回填物质划伤和破坏，应采用合适的保护材料，比如聚苯板等质地比较柔软的板材等。

任务3 桩基础工程质量通病分析及预防

桩基础是人工地基的一种，属于地下隐蔽工程，应用较为广泛，用于民用建筑、水工建筑、交通建筑、桥梁等工程中。近年来，除引进国外新的机械和工法外，国内桩工机械与工法也有了长足发展。桩基础按照施工方法的不同可以分为预制桩和灌注桩，下面就普通钢筋混凝土预制桩和机械成孔灌注桩在施工过程中容易出现的质量问题及其预控措施进行简单介绍。

3.1 普通钢筋混凝土预制桩

1.桩身断裂

桩在沉入过程中，桩身突然倾斜错位，桩尖处土质条件没有特殊变化，而贯入度逐渐增加或突然增大，同时当桩锤跳起后，桩身随之出现回弹现象，施打被迫停止。这些都有可能是桩身断裂所引起的（见图2.4）。

1）原因分析

（1）桩身在施工过程中出现较大弯曲，在反复集中荷载作用下随即产生断裂。

（2）桩在长时间反复击打中，桩身受到拉、压应力，当拉应力值大于混凝土抗拉强度时，桩身某处即产生横向裂缝，表面混凝土剥落，如拉应力过大，混凝土发生破碎，桩即断裂。

（3）制作桩的水泥强度等级不符合要求，砂、石中含泥量大或石子中有大量碎屑，使桩身局部强度不够，施工时在该处断裂。

（4）桩在堆放、起吊、运输过程中，也可能产生裂纹或断裂。桩身混凝土强度等级未达到设计强度即进行运输和施打。

图2.4　施工现场的断桩

（5）在沉桩过程中，某部位桩尖土软硬不均匀，造成桩身突然倾斜。

2）预防及处理措施

（1）施工前，应将地下障碍物，如旧墙基、条石、大块混凝土清理干净，尤其是桩位下的障碍物，必要时可对每个桩位用钎探了解。对桩身质量要进行检查，若桩身弯曲超过规定，或桩尖不在桩纵轴线上，不宜使用。一节桩的细长比不宜过大，一般不超过30。

（2）在初沉桩过程中，如发现桩不垂直应及时纠正，如有可能，应把桩拔出，清理完障碍物并回填素土后重新沉桩，桩打入一定深度发生严重倾斜时，不宜采用移动桩架的方法来校正。

（3）接桩时要保证上、下两节桩在同一轴线上，接头处必须严格按照设计及操作要求执行。

（4）采用植桩法施工时，钻孔的垂直偏差要严格控制在1%以内。植桩时，桩应顺孔植入，出现偏斜也不宜采用移动桩架的方法来校正，以免造成桩身弯曲。

（5）桩在堆放、起吊、运输过程中，应严格按照有关规定或操作规程执行，发现桩体开裂超过规定时，不得使用。普通预制桩经蒸压养护达到要求强度后，宜在自然条件下再养护一个半月，以提高桩的后期强度。施打前，桩的强度必须达到设计强度的100%（多指穿过硬夹层的端承桩）。如果是纯摩擦桩，强度达到70%便可施打。

（6）遇到比较复杂的工程，例如老的洞穴、古河道等，应适当加密地质探孔，对其进行详细描述，以便于采取相应措施。

（7）当施工中出现断裂时，应及时会同设计人员研究处理办法，根据工程地质条件、上部荷载及桩所处的结构部位，可采取补桩的方法。

2. 桩顶碎裂

桩顶碎裂在现场表现为在沉桩过程中，桩顶出现混凝土掉角、碎裂、坍塌，甚至桩顶钢筋全部外露打坏。

1)原因分析

(1)由于设计、施工的原因造成桩顶强度不够。

(2)桩身外形质量不符合规范要求,例如桩顶面不平,桩顶平面与桩轴线不垂直,桩顶保护层厚度不够等。

(3)施工机具选择或使用不当。打桩时,原则上要求锤重大于桩重,但必须根据桩断面、单桩承载力和工程地质条件来考虑。桩锤小,桩顶受击打次数多,桩顶混凝土容易产生疲劳破坏;桩锤大,桩顶混凝土承受不了过大的打击力也会发生破碎。

(4)桩顶与桩帽的接触面不平,替打木表面倾斜,桩沉入土中时桩身不垂直,使桩顶面倾斜,造成桩顶局部受集中力而发生破损。

(5)沉桩时,桩顶未加缓冲垫或者是缓冲垫损坏后未及时更换,使桩顶直接承受冲击荷载。

(6)设计要求进入持力层深度过大,施工机械或者桩身强度不能满足设计要求。

2)预防及处理措施

(1)制作桩时,要振捣密实,主筋不得超过第一层钢筋网片。桩经过蒸压养护达到设计强度后,还应有1~3个月的自然养护,使混凝土能较充分地完成碳化过程和排出水分,以增加桩顶抗冲击能力。夏季养护不能裸露,应加盖草帘或黑色塑料布,并保持湿度,以使混凝土碳化更充分,强度较快增长。

(2)应根据工程地质条件、桩断面尺寸及形状合理选择桩锤。

(3)沉桩前应对桩质量进行检查,尤其是桩顶有无凹凸情况,桩顶平面是否垂直于桩轴线,桩尖是否偏斜。不符合规范要求的桩不宜采用,或经过修补后才能使用。桩的外观应有专人检查,并做好记录。

(4)检查桩帽与桩的接触面及替打木是否平整,如不平整应进行处理后方可施工。

(5)沉桩时稳桩要垂直,桩顶应加草帘、纸袋、胶皮等缓冲垫,如果桩垫失效应及时更换。

(6)根据工程地质条件、现有施工机械能力及桩身混凝土耐冲击能力,合理确定单桩承载力及施工控制标准。

(7)发现桩顶有打碎现象,应及时停止沉桩,更换并加厚桩垫,如果有较严重的桩顶破裂,可把桩顶剔平补强,再重新进行沉桩。

(8)如果桩顶强度不够或桩锤选择不当,应换用养护时间长的"老桩"或更合适的桩锤。

3.2 普通钢筋混凝土机械成孔灌注桩

普通钢筋混凝土机械成孔灌注桩(简称钻孔灌注桩)可以穿越各种土质复杂或软硬变化较大的土层(如各类黏性土、砂土、碎砾石土、风化岩及多夹层的岩层)对地基进行加固处理,而且其对承载力的适应范围广(300~20 000 kN),它具有施工机具简单、施工过程噪声低、对相邻建(构)筑物影响小、施工安全性好等诸多优点,因而在基础工程和基础加固工程中得到广泛应用。但由于钻孔灌注桩的施工环节较多,技术要求高,工艺较复杂,需要在较短的时间内快速完成水下混凝土隐蔽工程的灌注,无法直观地对质量进行控制,人为因素的影响较大,若稍有疏忽,很容易出现质量问题,甚至造成病桩、断桩等重大质量事故,危及桩基工程的安全。以下就钻孔灌注桩的质量通病及防治措施进行分析。

1. 钢筋笼碰坍桩孔

1)现象

吊放钢筋笼入孔时,已钻好的孔的孔壁发生坍塌,致使施工无法正常进行,严重时钢筋笼被埋。

2)原因分析

(1)钻孔孔壁倾斜、出现缩孔等;孔壁极不规则时,由于钢筋笼入孔撞击而坍孔。

(2)吊放钢筋笼时,孔内水位未保持住导致坍孔。

(3)吊放钢筋笼不仔细,冲击孔壁产生坍孔。

3)防治措施

(1)钻孔时,严格掌握孔径、孔垂直度或设计斜桩的斜度,尽量使孔壁较规则。如出现缩孔,必须加以治理和扩孔。

(2)在灌注水下混凝土前,要始终维持孔内有足够高的水位。

(3)吊放钢筋笼时,应对准孔中心,并竖直插入。

2. 钢筋笼放置与设计要求不符

1)现象

钢筋笼在吊运过程中变形,钢筋笼保护层不够,钢筋笼底面标高与设计不符,使桩基不能正确承载,造成桩基抗弯、抗剪强度降低,桩的耐久性大大削弱等。

2)原因分析

(1)桩钢筋笼加工后,在堆放、运输、起吊过程中没有严格按规程操作,支垫数量不够或位置不当,造成变形。

(2)钢筋笼上没有绑设足够垫块,吊入孔时也不够垂直,导致保护层过大或过小。

(3)清孔后由于准备时间过长,孔内泥浆所含泥砂、钻渣逐渐沉落孔底,灌注混凝土前没按规定清理干净,造成实际孔深与设计不符,导致钢筋笼底面标高有误。

3)防治措施

(1)钢筋笼根据运输吊装能力分段制作、运输,吊入钻孔内再焊接,相连接成一根。

(2)钢筋笼在运输及吊装时,除预制焊接时每隔2.0 m设置加强箍筋外,还应在钢筋笼内每隔3.0~4.0 m装一个可拆卸的十字形临时加强架,待钢筋笼吊入钻孔后拆除。

(3)钢筋笼周围主筋上,每隔一定间距设混凝土垫块或塑料小轮状垫块,使混凝土垫块厚度和小轮半径符合设计保护层厚度。

(4)最好用导向钢管固定钢筋笼位置,钢筋笼顺导向钢管吊入孔中。这样,不仅可以保证钢筋的保护层厚度符合设计要求,还可保证钢筋笼在灌注混凝土时不会发生偏离。

(5)做好清孔工作,严格控制孔底沉淀层厚度,清孔后及早进行混凝土灌注。

3.浇筑水下混凝土时导管进水

1）现象

灌注桩首次灌注混凝土时,孔内泥浆及水从导管下口灌入导管;灌注中,导管接头处进水;灌注中,提升导管过量,孔内水和泥浆从导管下口涌入导管,使得导管进水。这些现象中,轻者造成桩身混凝土离析,重者导致桩身混凝土有夹层甚至发生断桩事故。

2）原因分析

（1）首次灌注混凝土时,由于灌满导管和导管下口至桩孔底部间隙所需的混凝土总量计算不当,使首灌的混凝土不能埋住导管下口,而是全部冲出导管以外,造成导管下口进水事故。

（2）灌注混凝土过程中,由于未连续灌注,在导管内产生气囊。当又一次灌注大量混凝土拌和物时,导管内气囊产生高压,高压将两节导管间的封水橡皮垫挤出,致使导管接口进水。

（3）导管拼装后,未进行水密性试验,由于接头不严密,水从接口处漏入导管。

（4）测深时,误判造成导管提升过量,致使导管下口脱离孔内的混凝土液面,使泥水进入。

3）防治措施

（1）确保首批灌注的混凝土总量能满足填充导管下口与桩孔底面间隙和使导管下口首灌时被埋没深度≥1 m的需要。首灌前,导管下口距孔底一般不超过0.4 m。

（2）在提升导管前,用标准测深锤（锤重不小于4 kg,锤呈锥状。吊锤索用质轻、拉力强、浸水不伸缩的尼龙绳）测好混凝土表面的深度,控制导管提升高度,始终将导管下口埋于已灌入混凝土液面下不小于2 m。

（3）下导管前,应对导管进行试拼,并进行导管的水密性、承压性和接头抗拉强度试验,还要检查试拼导管的轴线是否在一条直线上。试拼合格后,各节导管应从下到上依次编号,并标示累计长度。入孔拼装时,各节导管的编号及编号所在的圆周方位应与试拼时相同,不得错乱或出现编号不在一个方位的情况。

（4）首灌混凝土时,要保持混凝土连续地灌注,尽量缩短间隔时间。当导管内混凝土不饱满时,应徐徐地灌注,防止导管内形成高压气囊。

（5）首灌下口进水和灌注中导管提升过量导致进水时,应停止灌注。以导管作为吸泥管,用空气吸泥法将已灌注的混凝土拌和物全部吸出。经查找原因、予以纠正后,重新灌注混凝土。

4.浇筑水下混凝土时导管堵塞

1）现象

导管已提升很高,导管下口埋入混凝土接近1 m,但是灌注在导管中的混凝土仍不能涌翻上来,造成灌注中断,中断后灌注时易形成高压气囊,严重时,易发展为断桩事故。

2）原因分析

（1）混凝土离析、粗骨料集中造成导管堵塞。

（2）由于灌注时间持续过长,最初灌注的混凝土已初凝,增大了管内混凝土下落的阻力,使混凝土堵在管内。

3）防治措施

（1）灌注混凝土的坍落度宜为180～220 mm,并保证其具有良好的和易性,在运输和灌注过程中不发生显著离析和泌水。

(2)保证混凝土的连续灌注,中断灌注时间不应超过30 min。

(3)灌注开始不久发生导管堵塞时,可用长杆冲、捣或用振动器振动导管。若无效果,拔出导管,用空气吸泥机或抓斗将已灌入孔底的混凝土清出,换新导管,准备足够量的混凝土,重新灌注。

5.提升导管时,导管卡挂钢筋笼

1)现象

提升导管时,导管接头法兰盘或螺栓挂住钢筋笼,导致无法提升导管,使灌注混凝土中断,这种现象易诱发导管堵塞,严重者演变成断桩、埋导管事故。

2)原因分析

(1)导管拼装后,其轴线不顺直,弯折处偏移过大,提升导管时,挂住钢筋笼。

(2)钢筋笼搭接时,下节的主筋摆在外侧,上节的主筋在里侧,导致提升导管时被卡挂住。钢筋笼的加固筋焊在主筋内侧,也易挂在导管上。

(3)钢筋笼变形成折线或者弯曲线状,与导管发生卡挂。

3)防治措施

(1)导管拼装后轴线顺直,吊装时,导管应位于井孔中央,并在灌注前进行升降是否顺利的试验。法兰盘式接口的导管,在连接处罩以圆锥形白铁罩。白铁罩底部与法兰盘大小一致,白铁罩顶与套管头卡住。

(2)钢筋笼分段入孔前,应在其下端主筋端部加焊一道加强箍,入孔后各段相连时,搭接方向应适宜,接头处应满焊。

(3)导管卡挂钢筋笼时,可转动导管,待其脱开钢筋笼后,将导管移至孔中央继续提升;如转动后仍不能脱开,只好放弃导管,造成埋管。

6.钢筋笼在灌注混凝土时上浮

1)现象

钢筋笼入孔后虽已加以固定,但在孔内灌注混凝土时,钢筋笼向上浮移。钢筋笼一旦发生上浮,基本无法使其归位,从而改变桩身配筋数量,减小桩身抗弯强度。

2)原因分析

混凝土由漏斗顺导管向下灌注时,混凝土的位能产生一种顶托力。这种顶托力随灌注时混凝土位能、灌注速度、首批混凝土的流动度、首批混凝土的表面标高变化而变化。当顶托力大于钢筋笼的重量时,钢筋笼会被浮推上升。

3)防治措施

(1)摩擦桩应将钢筋骨架的几根主筋延伸至孔底,钢筋骨架上端在孔口处与护筒连接固定。

(2)灌注中,当混凝土表面接近钢筋笼底时,应放慢混凝土灌注速度,并使导管保持较大埋深,使导管下口与钢筋笼底端保持较大距离,以便减小对钢筋笼的冲击。

(3)混凝土液面进入钢筋笼一定深度后,应适当提升导管,使钢筋笼在导管下口有一定埋深。但注意导管埋入混凝土表面应不小于 2 m。

7. 灌注混凝土时桩孔坍孔

1）现象

灌注水下混凝土过程中，发现护筒内泥浆水位忽然上升，溢出护筒，随即骤降并冒出气泡，此为坍孔征兆。用测深锤探测，如混凝土面与原深度相差很多，可确定为坍孔，这样就会使得桩身扩径，桩身混凝土夹泥，严重时会引发断桩事故。

2）原因分析

（1）灌注混凝土过程中，孔内外水头未能保持一定高差。在潮汐地区，没有采取措施来稳定孔内水位。

（2）护筒刃脚周围漏水，孔外堆放重物或有机器振动，使孔壁在灌注混凝土时坍孔。

（3）导管卡挂钢筋笼及堵管时，均易同时发生坍孔。

3）防治措施

（1）灌注混凝土过程中，要采取各种措施稳定孔内水位，还要防止护筒及孔壁漏水。

（2）用吸泥机吸出坍入孔内的泥土，同时保持或加大水头高，如不再坍孔，可继续灌注。

（3）如用上法处理坍孔仍不停，或坍孔部位较深，宜将导管、钢筋笼拔出，回填黏土，重新钻孔。

8. 埋导管事故

1）现象

导管从已灌入孔内的混凝土中提升费劲，甚至拔不出，造成埋导管事故。埋导管会使灌注水下混凝土施工中断，易发展为断桩事故。

2）原因分析

（1）灌注过程中，由于导管埋入混凝土过深，一般往往大于 6 m。

（2）由于各种原因，导管超过 0.5 h 未提升，部分混凝土初凝，抱住导管。

3）防治措施

（1）导管接头形式宜为卡口式，可缩短卸导管引起的停留时间；各批混凝土均掺入缓凝剂，并采取措施加快灌注速度。

（2）随着混凝土的灌入，勤提升导管，使导管埋深不大于 6 m。

（3）埋导管时，用链式滑车、千斤顶、卷扬机进行试拔；若拔不出，可加力拔断导管，然后按断桩处理。

9. 桩头浇筑高度短缺

1）现象

已浇筑的桩身混凝土，没有达到设计桩顶标高再加上 0.5~1.0 m 的高度，在有地下水时，造成水下施工；无地下水时，需进行接桩，产生人力、财力和时间的浪费，加大工程成本。

2）原因分析

（1）混凝土灌注后期，灌注产生的超压力减小，此时导管埋深较小。由于测深时不精确，或将过稠浆渣、坍落土层误判为混凝土表面，使导管提冒漏水。

(2)测锤及吊锤索不标准,手感不明显,未沉至混凝土表面,误判已到要求标高,造成过早拔出导管,中止灌注。

(3)不懂得首灌混凝土中,有一层混凝土从开始灌注到灌注完成,一直与水或泥浆接触,难免有泥浆、钻渣等杂物混入,质量较差,必须在灌注后凿去。因此,计算灌注桩的桩顶标高时,未在桩顶设计标高值上增加 0.5~1.0 m 的预留高度,从而在凿除后,桩顶标高低于设计标高。

3)防治措施

(1)尽量采用准确的水下混凝土表面测深仪,提高判断的精确度。当使用标准测深锤检测时,可在灌注接近尾声时,用取样盒等容器直接取样,鉴定良好混凝土面的位置。

(2)对于水下灌注的桩身混凝土,为防止剔桩头造成桩头短浇事故,必须在设计桩顶标高之上增加 0.5~1.0 m 的高度,低限值用于泥浆比重小、灌注过程正常的桩;高限值用于发生过堵管、坍孔等,灌注不顺利的桩。

(3)无地下水时,可开挖后做接桩处理;有地下水时,接长护筒,沉至已灌注的混凝土面以下,然后抽水、清渣,按接桩处理。

10.夹泥、断桩

1)现象

先后两次灌注的混凝土层之间夹有泥浆或钻渣,如存在于部分截面,为夹泥;如整个截面有夹泥层或混凝土有一层完全离析,基本无水泥浆黏结,为断桩。夹泥、断桩使桩身混凝土不连续,无法承受弯矩和地震引起的水平剪切力,使桩报废。

2)原因分析

(1)灌注水下混凝土时,混凝土的坍落度过小;集料级配不良,粗骨料颗粒太大,灌注前或灌注中混凝土发生离析;导管进水等使桩身混凝土浇筑中断。

(2)灌注中发生导管堵塞又未能处理好;灌注中发生导管卡挂钢筋笼、埋导管、严重坍孔,处理不良会演变为桩身严重夹泥、混凝土桩身中断等严重事故。

(3)清孔不彻底或灌注时间过长,首批混凝土已初凝,而继续灌入的混凝土冲破顶层与泥浆相混;导管进水和灌注混凝土过程中坍孔,均会在两层混凝土中产生部分夹有泥浆渣土的截面。

3)防治措施

(1)混凝土坍落度严格按设计或规范要求控制,尽量延长混凝土初凝时间(如用初凝慢的水泥,加缓凝剂,尽量用卵石,加大砂率,控制石料最大粒径)。

(2)灌注混凝土前,检查导管、混凝土罐车、搅拌机等设备是否正常,并应有备用的设备、导管,确保混凝土能连续灌注。

(3)随灌混凝土,随提升导管,做到连灌、勤测、勤拔管,随时掌握导管埋入深度,避免导管埋入过深或过浅。

(4)采取措施,避免导管卡挂钢筋笼,避免出现堵导管、埋导管、灌注中坍孔、导管进水等质量通病。

(5)断桩或夹泥发生在桩顶部时,可将其剔除,然后接长护筒,并将护筒压至灌注好的混凝土面以下,抽水、除渣,进行接桩处理。

(6)对桩身用地质钻机钻芯取样(取芯率小于40%),表明有蜂窝、松散、裹浆等情况;桩身有局部混凝土松散或夹泥、局部断桩时,应采用压浆补强方法处理。

(7)对于严重的夹泥、断桩,要进行重钻补桩处理。

任务4　基础模板工程质量通病分析及预防

基础工程是建筑工程中很重要的一个分部工程,它包括基础模板、基础钢筋、基础混凝土三大主要分项工程,在基础工程施工过程中,由于人的原因、施工材料的差异、施工机具设备的不同、施工方法的多样化以及施工环境的不同,可能会造成施工质量的差异甚至基础工程的一些质量通病。基础工程的三大分项工程与主体结构的三大分项工程在施工技术上有很多相同和相似之处,因此出现的质量通病也有很多相同和相似之处,本任务仅就基础工程三大分项工程中的模板工程所特有的质量通病进行分析,其他相同和相似的质量通病将在学习情境3中进行分析。

1.现象

(1)条形基础沿基础通长方向模板上口不直,宽度不准,下口陷入混凝土内,拆模时上段混凝土缺损,底部钉模不牢。

(2)杯形基础中心线不准,杯口模板发生位移;浇筑混凝土时芯模浮起,拆模时芯模起不出。

(3)地梁模板的梁身不平直、梁底不平及下挠、梁侧模炸模、局部模板嵌入柱梁间,且地梁模板拆除困难。

(4)地下室柱模板炸模、断面形状鼓出、漏浆,混凝土不密实或出现蜂窝、麻面、偏斜,柱身扭曲。

(5)地下室板模板中部下挠,板底混凝土面不平。

2.原因分析

(1)翻样不认真或有误,模板制作马虎,拼接时拼缝过大。

(2)木模板安装周期过长,因木模板干缩造成裂缝。

(3)模板制作粗糙,拼缝不严,加固模板的背楞、拉杆未按模板设计要求布置。

(4)浇筑混凝土时,木模板未提前浇水湿润使其胀开。

(5)模板定位放线、定标高不准确,对支撑模板的地基没有进行加固处理。

(6)对杯形基础的芯模未采取可靠的固定措施以防止其上浮,拆除芯模的时间掌握不准确。

(7)对模板支撑系统未按照模板设计进行安装设置,横楞、背楞数量偏少,布置间距较大,扫地杆、剪刀撑数量较少。

3.防治措施

(1)模板应有足够的强度和刚度,支模时垂直度要准确。

(2)模板上口应钉木带,以控制带形基础上口宽度,并通长拉线保证上口平直。

(3)隔一定间距,将上段模板下口支承在钢箍支架上;也可用临时木撑,以使侧模高度保持一致。

(4)支撑直接撑在土坑边时,下面应垫以木板,以扩大其承力面。两块模板长向接头处应加拼条,使板面平整、连接牢固。

(5)杯形基础支模时中心线位置及标高要准确,支上段模板时采用抬轿杠和托木,可使位置准确,托木的作用是将轿杠与下段混凝土面隔开少许,便于混凝土面拍平。

(6)杯芯模板要刨光直拼,芯模外表面涂隔离剂,底部应钻几个小孔,以便排气,减少浮力。

(7)浇筑混凝土时,在芯模四周要均衡下料及振捣。

(8)脚手板不得搁置在模板上。

(9)拆除杯芯模板,要根据施工时的温度及混凝土凝固情况来掌握,一般在初凝前后即可用锤轻打,用撬棍拨动。

(10)支地梁模板时应遵守"边模包底模"的原则,地梁模板与柱模板连接处,应考虑梁模板吸湿后长向膨胀的影响,下料尺寸一般应略为缩小,使混凝土浇筑后不致嵌入柱内。

(11)地梁侧模必须有压脚板、斜撑,拉线通直后将梁侧钉固,梁底模板按规定起拱。

(12)混凝土浇筑前,模板应用水充分润湿。

(13)柱模板应根据规定的柱箍或者拉杆间距要求钉牢固。

(14)成排柱模支模时,应先立两端柱模,校直且复核位置无误后,顶部拉通长线,再立中间柱模,四周斜撑要牢固。

(15)较高的柱子,应在模板中部一侧留临时浇灌孔,以便浇灌混凝土、插入振动棒,当混凝土浇灌到临时洞口时,即应将洞口封闭牢固。

(16)楼板模板厚度要一致,搁栅木料应有足够强度和刚度,搁栅面要平整。

(17)支撑材料应有足够强度,前后左右相互搭牢,支撑系统应稳固,板模按规定起拱。

任务5　基础钢筋工程质量通病分析及预防

本任务仅就基础工程三大分项工程中的钢筋工程所特有的质量通病进行分析,其他相同和相似的质量通病将在学习情境3中进行分析。

1.现象

(1)进场钢筋未按级别、种类和直径分类架空堆放,且直接放置在地上,加工好的半成品钢筋随意堆放。

（2）钢筋加工翻样不准确，造成钢筋无法安装，产生材料浪费。

（3）Ⅰ级钢筋末端弯钩未按设计要求制作。

（4）基础预留柱插筋的锚固长度、钢筋甩出长度、钢筋根数、钢筋间距、钢筋位置不满足设计要求，基础构件的纵向钢筋锚固长度不够。

（5）基础钢筋位置的允许偏差不满足规范要求。

（6）钢筋连接方式不正确，钢筋搭接位置不正确，同一根钢筋接头较多。

（7）基础钢筋保护层厚度不够，对于双层双向布置的钢筋，上层钢筋挠度较大。

2.原因分析

（1）工人工作态度不端正，做事不认真，不严格按照钢筋工程专项施工方案实施。

（2）技术人员读图不认真，没有完全领会设计者的设计意图，造成钢筋翻样不准确。

（3）在钢筋加工和安装前，没有进行实质性的技术交底工作。

（4）钢筋工对设计图纸和标准图集不熟悉，理解不到位。

（5）钢筋垫块设置数量偏少，垫块位置设置不合理，基础钢筋中的马镫钢筋设置数量偏少，设置距离偏大。

3.防治措施

（1）进场钢筋应按级别、种类和直径分类架空堆放，不得直接放置在地上，以免锈蚀和沾污；进场钢筋应有出厂质量合格证明，对进场钢筋应及时抽样进行复检，复检合格后方可进行加工；加工的半成品钢筋按型号、品种及规格尺寸等挂牌堆放。

（2）钢筋加工应先按图纸设计要求和现行图集进行翻样，经有关部门核认后进行加工。

（3）Ⅰ级钢筋末端需做180°弯钩，其圆弧曲线直径不小于钢筋直径的2.5倍，平直部分长度不小于钢筋直径的3倍；Ⅱ级钢筋末端需做90°或者135°弯钩，其弯曲直径不宜小于钢筋直径的4倍，平直部分长度应按照设计要求确定。箍筋的末端应做135°弯钩，弯钩平直段长度不小于10倍钢筋直径。钢筋端部弯头长度以设计图纸钢筋表中的钢筋弯头长度为准，但必须满足锚固长度要求，如钢筋表中的弯头长度加上水平段锚固长度小于计算锚固长度，弯头长度应以计算为准。纵向钢筋按照设计要求进行搭接。

（4）钢筋加工的允许偏差要满足表2.3的要求。

表2.3　钢筋加工的允许偏差

项目	允许偏差（mm）
受力钢筋沿长度方向全长的净尺寸	±10
弯起钢筋的弯折位置	±20
箍筋内净尺寸	±5

（5）基础混凝土浇筑之前应按照设计及规范、图集的要求进行柱子插筋，构造柱插筋的锚固长度、钢筋甩出长度、钢筋根数、钢筋间距、钢筋位置等均应满足设计及规范、图集的要求。

为了确保混凝土浇筑完毕后柱子的插筋位置不出现偏差,应采用定位箍筋对柱子进行固定,并及时调整柱子位置。

(6)钢筋的连接方式首先要满足设计要求,当设计无明确要求时可参照以下要求执行:直径≤16 mm 的钢筋采用绑扎连接方式;直径>16 mm 的螺纹钢筋采用机械连接方式;钢筋接头位置宜设置在受力较小处,在同一根钢筋上宜少设接头;钢筋混凝土构件同一搭接区域内相邻受力钢筋接头位置应相互错开,当采用机械连接接头时,在任意 35d(d 为钢筋直径)且不小于500 mm 区段内,受力钢筋接头百分率不宜大于 50%。

(7)钢筋垫块严格按照事前编制的钢筋工程专项施工方案制作和安装,马镫钢筋的制作、数量及其布置位置应满足设计要求。

任务6 基础混凝土工程质量通病分析及预防

本任务仅就基础工程三大分项工程中的混凝土工程所特有的质量通病进行分析,其他相同和相似的质量通病将在学习情境 3 中进行分析。

1. 现象

浇筑筏板、箱形基础时,经常会遇到构件断面最小尺寸超过 800 mm 的基础构件。通常把这类混凝土的浇筑视为大体积混凝土的浇筑。大体积混凝土在浇筑时产生大量的水化热,这样会使混凝土内的最高温度与外界气温之差超过 25 ℃,使得结构产生温度和收缩变形,从而产生温度变形裂缝、基础构件深层裂缝,甚至出现贯穿的裂缝,这对基础混凝土的抗渗、抗裂、抗侵蚀性能都有很大的影响。

2. 原因分析

(1)表面裂缝的产生。混凝土随着温度的变化而发生的膨胀或收缩称为温度变形。在混凝土浇筑初期,水泥产生大量的水化热,使混凝土的温度很快上升,进而产生内外温度差,形成内约束,结果在混凝土内部产生压应力,面层产生拉应力。当拉应力超过混凝土该龄期的抗拉强度时,混凝土表面就产生裂缝。工程实践表明,混凝土内部出现最高温度多数发生在混凝土浇筑后最初的 3~5 d。大体积混凝土常见的裂缝大多数是发生在早期的不同深度的表面裂缝。

(2)深层、贯穿裂缝的产生。当混凝土内部温度升到最高值后,温度开始下降,此阶段属降温阶段。降温引起混凝土收缩,同时混凝土中多余水分的蒸发等引起混凝土收缩变形,但其受到地基和结构边界条件的约束不能自由变形,从而导致产生较大的外部约束拉应力。约束拉应力超过混凝土龄期的抗拉强度时,混凝土则从约束面开始向上开裂形成收缩裂缝。由外部约束拉应力产生的裂缝常为垂直裂缝,且发生在结构断面的中点,并靠近基岩,说明水平拉应力是引起这种裂缝的主要应力。当水平拉应力足够大时,可能导致混凝土结构产生贯穿裂缝,贯穿裂缝会破坏结构的整体性、耐久性和防水性,影响正常使用,因此必须杜绝贯穿裂缝的产生。

3.防治措施

(1)温度应力是产生温度裂缝的根本原因,一般将温差控制在20~25 ℃范围内时,不会产生温度裂缝。

(2)工程施工过程中可采用以下措施来控制内外温差。

①选用水化热较低的水泥。

②在保证混凝土强度的条件下,尽量减少水泥用量。

③尽量降低每立方米混凝土的用水量。

④尽量降低混凝土的入模温度,规范要求混凝土浇筑温度不宜超过28 ℃,且选择室外气温较低时进行浇筑。

⑤必要时可在混凝土内部埋设冷却水管,利用循环水来降低混凝土温度。

⑥粗骨料宜选用粒径较大的卵石,应尽量降低砂石的含泥量,以减少混凝土的收缩量。

⑦为减少水泥用量、提高混凝土的和易性,在混凝土中掺入适量的矿物掺料,如粉煤灰,也可加入减水剂。

⑧对表层混凝土做好保温措施,以减少表层混凝土热量的散失,降低内外温差。

⑨尽量延长混凝土的浇筑时间,以便在浇筑过程中尽量多地释放出水化热,可在混凝土中掺入缓凝剂,尽量减小浇筑层厚度等。

⑩从混凝土表层到内部设置若干个温度观测点,加强观测,一旦出现温差过大的情况,立即处理。

(3)大体积混凝土的浇筑应根据整体连续浇筑的要求,结合结构尺寸、钢筋疏密、混凝土供应条件等具体情况,合理地分段分层进行。

本章习题

一、选择题

1.现场放线是为了方便工人干活,也是为了严格按照设计图纸进行施工。一般来说,所有的建筑轴线可称为( ),相应的小线就是结构构件的( )和尺寸线。

A.大线　　　　B.中线　　　　C.粗线　　　　D.边线　　　　E.虚线

2.基础验线时,当量测的长度≤30 m时,规范允许偏差的限值是( )mm。

A.±4　　　　B.±5　　　　C.±6　　　　D.±5.5　　　　E.±4.5

3.根据工程实际需要,地下防水工程的防水等级分为( )级。

A.一　　　　B.二　　　　C.三　　　　D.四　　　　E.五

4.对于混凝土自由入模高度过高者,应使用( )和( ),浇筑应按施工方案分层进行,振捣密实。

A.串桶　　　　B.振捣棒　　　　C.钢筋　　　　D.搅拌机　　　　E.滑槽

5.对于地下室底板等大体积的混凝土,应遵守大体积混凝土施工的相关规定,严格控制混凝土内外的( )。

A. 室外温度　　B. 施工温度　　C. 温度差　　D. 温度　　E. 入模温度

6. 采用植桩法施工时,钻孔的垂直偏差要严格控制在(　　)%以内。

A. 0.5　　B. 1　　C. 1.5　　D. 2　　E. 2.5

7. 灌注桩的钢筋笼在运输及吊装过程中,预制焊接时应每隔(　　)m设置加强箍筋。

A. 1　　B. 3　　C. 2　　D. 5　　E. 6

8. 灌注水下混凝土时,首批灌注的混凝土总量应能满足填充导管下口与桩孔底面间隙,同时使导管下口首灌时被埋入混凝土的深度≥(　　)m的需要。

A. 1　　B. 3　　C. 2　　D. 5　　E. 6

9. 灌注桩浇筑混凝土时,当浇筑至桩顶设计标高时,为了保证桩顶的混凝土强度满足设计要求,通常应将混凝土超灌(　　)m。

A. 0.5 ~ 1　　B. 1 ~ 1.5　　C. 1.5 ~ 2　　D. 2 ~ 2.5　　E. 2.5

10. 进场钢筋应按(　　)分类架空堆放,不得直接放置在地上。

A. 生产厂家　　B. 直径　　C. 炉罐号　　D. 种类　　E. 级别

11. 在浇筑筏板、箱形基础时,经常会遇到构件断面最小尺寸超过(　　)mm的基础构件,通常把这类混凝土的浇筑视为大体积混凝土的浇筑。

A. 100　　B. 300　　C. 800　　D. 500　　E. 600

二、简答题

1. 基础定位放线的常见问题是什么?

2. 地下室防水等级为一级的防水标准是什么?一级防水适用的工程范围是什么?

3. 地下室防水工程中,混凝土质量缺陷引起渗水的原因是什么?

4. 地下室防水工程中常见的质量通病有什么?简述由于混凝土构件裂缝引起地下室渗漏的处理措施。

5. 预制桩沉桩施工过程中桩身断裂的现象是什么?

6. 预制桩沉桩施工过程中桩顶碎裂的防治措施是什么?

7. 钻孔灌注桩吊放钢筋笼时碰塌孔壁的原因是什么?

8. 灌注桩浇筑水下混凝土时,堵管的原因是什么?

9. 基础模板工程质量通病的现象是什么?

10. 基础钢筋末端弯钩的具体要求是什么?

11. 试分析大体积混凝土表面裂缝产生的原因。

学习情境3 钢筋混凝土主体结构质量通病分析及预防

任务1 模板工程质量通病分析及预防

模板的制作与安装质量,对于保证钢筋混凝土结构及其结构构件的外观质量和几何尺寸,结构的强度、刚度等起重要作用。在施工过程中,由于模板尺寸错误、支设不规范而造成的工程质量问题时有发生。本任务结合施工现场常用的钢模板和木模板,分析模板工程中的质量通病形成原因以及防治措施。

1.1 结构构件变形

1.现象

拆模后,发现钢筋混凝土结构的主要构件梁、柱、墙等出现鼓凸、缩颈或者翘曲现象。

2.原因分析

(1)支撑及围檩间距过大,模板刚度较小。

(2)组合小钢模的连接件没有按照规定设置,造成模板整体性差。

(3)墙模板无对拉螺栓或者对拉螺栓间距过大,螺杆规格较小。

(4)模板支撑系统支撑在未夯实且没有设置垫块的地基上,且地基土无排水措施,从而造成支撑系统的下沉。

(5)门窗洞口内模间对撑不牢固,在混凝土振捣时模板被挤偏。

(6)梁、柱模板卡具间距过大,或未夹紧模板,或对拉螺栓配备数量不足,以致局部模板无法承受混凝土振捣时产生的侧向压力,导致局部爆模。

(7)浇筑墙、柱混凝土时速度过快,一次浇灌高度过高,振捣过度。

(8)采用木模板或胶合板模板施工,经验收合格后未及时浇筑混凝土,模板经长期日晒雨淋而变形。

3.防治措施

(1)设计模板及其支撑系统时,应充分考虑模板自重、施工荷载、混凝土的自重及浇捣时产生的侧向压力,以保证模板及其支撑系统有足够的承载能力、刚度和稳定性。

(2)梁底支撑间距应能够保证模板在混凝土重量和施工荷载作用下不产生变形,支撑底部若为泥土地基,应认真夯实,设排水沟,并铺放通长垫木或型钢,以确保支撑不沉陷。

(3)拼装组合小钢模时,连接件应按规定放置,围檩及对拉螺栓间距、规格应满足设计要求。

(4)梁、柱模板若采用卡具,其间距要按规定设置,并要卡紧模板,其宽度比截面尺寸略小。

(5)梁、墙模板上部必须有临时撑头,以保证混凝土浇捣时梁、墙上口的宽度。

(6)浇捣混凝土时,要均匀对称地下料,严格控制浇灌高度,特别是门窗洞口模板两侧,既要保证混凝土振捣密实,又要防止过分振捣引起模板变形。

(7)对跨度不小于 4 m 的现浇钢筋混凝土梁、板,其模板应按设计要求起拱;当设计无具体要求时,起拱高度宜为跨度的 1/1 000 ~ 3/1 000。

(8)采用木模板、胶合板模板施工时,经验收合格后应及时浇筑混凝土,防止模板因长期日晒雨淋发生变形。

1.2　接缝不严

1. 现象

由于模板间接缝不严有间隙,混凝土浇筑时产生漏浆,混凝土表面出现蜂窝,严重的出现孔洞、露筋。

2. 原因分析

(1)翻样不认真或有误,模板制作马虎,拼接时拼缝过大。

(2)木模板安装周期过长,因木模板干缩造成裂缝。

(3)木模板制作粗糙,接缝不严。

(4)浇筑混凝土时,木模板未提前浇水湿润使其胀开。

(5)钢模板变形未及时修整。

(6)钢模板接缝措施不当。

(7)梁、柱交接部位,接头尺寸不准,接头错位。

3. 防治措施

(1)翻样要认真,严格按 1∶10 ~ 1∶50 比例将各分部分项细部翻成详图,详细标注,经复核无误后认真向操作工人交底,强化工人的质量意识,认真制作定型模板和拼装。

(2)严格控制木模板含水率,制作时拼缝要严密。

(3)木模板安装周期不宜过长,浇筑混凝土时,木模板要提前浇水湿润,使其胀开密缝。

(4)钢模板变形,特别是边框外变形时,要及时修整平直。

(5)钢模板间嵌缝措施要妥当,不能用油毡、塑料布、水泥袋等去嵌缝堵漏。

(6)梁、柱交接部位支撑要牢靠,拼缝要严密(必要时缝间加双面胶纸),发生错位要校正好。

1.3 脱模剂使用不当

1. 现象

模板表面涂刷废机油造成混凝土污染，或混凝土残浆不清除即刷脱模剂，造成混凝土表面出现麻面等缺陷。

2. 原因分析

(1)拆模后不清理混凝土残浆即刷脱模剂。

(2)脱模剂涂刷不均匀或漏涂,涂层过厚。

(3)使用废机油作为脱模剂,既污染了钢筋及混凝土,又影响了混凝土表面装饰质量。

3. 防治措施

(1)拆模后,必须先清除模板上遗留的混凝土残浆,再刷脱模剂。

(2)严禁使用废机油作为脱模剂,脱模剂原料选用原则是既便于脱模又便于混凝土表面装饰。脱模剂选用的材料有皂液、滑石粉、石灰水及其混合液、各种专门的化学制品等。

(3)脱模剂材料宜拌成稠状,应涂刷均匀,不得流淌,一般刷两遍为宜,以防漏刷,也不宜涂刷过厚。

(4)涂刷脱模剂后,应在短期内及时浇筑混凝土,以防隔离层遭受破坏。

1.4 模板未清理干净

1. 现象

模板内残留木块、浮浆残渣、碎石等建筑垃圾,拆模后发现混凝土中有缝隙,且有垃圾夹杂物。

2. 原因分析

(1)钢筋绑扎完毕后,模板未用压缩空气或压力水清扫。

(2)封模前未进行清扫。

(3)墙柱根部、梁柱接头最低处未留清扫孔,或所留位置不当无法进行清扫。

3. 防治措施

(1)钢筋绑扎完毕,用压缩空气或压力水清除模板内垃圾。

(2)在封模前,派专人将模内垃圾清除干净。

(3)墙柱根部、梁柱接头处预留清扫孔,预留孔尺寸≥100 mm×100 mm,模内垃圾清除完毕后及时将清扫孔封严。

1.5 封闭或竖向模板无排气、浇捣孔

1.现象

由于封闭或竖向模板无排气孔,混凝土表面易出现气孔等缺陷,高柱、高墙模板未留浇捣孔,易出现混凝土浇捣不实或孔洞现象。

2.原因分析

(1)墙体的大型预留洞口底模未设排气孔,易使混凝土对称下料时产生气囊,导致混凝土不实。

(2)高柱、高墙侧模无浇捣孔,造成混凝土浇灌自由落距过大,易离析或振动棒不能插到位,造成振捣不实。

3.防治措施

(1)墙体的大型预留洞口(门窗洞等)底模应开设排气孔,使混凝土浇筑时的气泡及时排出,确保混凝土浇筑密实。

(2)高柱、高墙(超过3 m)侧模要开浇捣孔,以便于混凝土浇灌和振捣。

1.6 模板支撑选配不当

1.现象

由于模板支撑系统选配和支撑方法不当,导致模板在混凝土浇筑时产生变形。

2.原因分析

(1)支撑选配马虎,未经安全验算,无足够的承载能力及刚度,混凝土浇筑后模板变形。

(2)支撑稳定性差,无保证措施,混凝土浇筑后支撑自身失稳,使模板变形。

3.防治措施

(1)根据不同的结构类型和模板类型来选配模板支撑系统,以便互相协调配套。使用时,应对支撑系统进行必要的验算和复核,尤其是支柱间距应经验算确定,确保模板支撑系统具有足够的承载能力、刚度和稳定性。

(2)木支撑系统如与木模板配合,木支撑必须钉牢揳紧,支柱之间必须加强拉结,木支柱脚下用对拔木楔调整标高并固定,荷载过大的木模板支撑系统可采用枕木堆搭方法操作,用扒钉固定好。

(3)钢支撑系统的钢楞和支撑的布置形式应满足模板设计要求,并保证安全承受施工荷载,钢管支撑系统一般宜扣成整体排架式,其立柱纵横间距一般为1 m左右(荷载大时应采用密排形式),同时应加设斜撑和剪刀撑。

(4)支撑系统的基底必须牢固可靠,竖向支撑基底如为土层,应在支撑底铺设型钢或脚手板等硬质材料。

（5）在多层或高层建筑施工中，应注意逐层加设支撑，分层分散施工荷载。侧向支撑必须支顶牢固，拉结和加固可靠，必要时应打入地锚或在混凝土中预埋铁件和短钢筋头作为撑脚。

任务2 钢筋工程质量通病分析及预防

钢筋工程是钢筋混凝土主体结构工程的重要分项工程之一，钢筋的制作与安装质量对保证钢筋混凝土结构及其结构构件的质量与安全，结构的强度、刚度等起重要作用。在施工过程中，由于钢筋制作、安装错误，制作、安装不规范而造成的工程质量问题时有发生。本任务结合施工现场钢筋制作与安装的实际情况，分析钢筋工程中的质量通病形成原因以及防治措施。

2.1 原材料的质量通病

1. 表面锈蚀

1）现象

钢筋表面出现黄色浮锈，严重的转为红色，日久后变成暗褐色，甚至发生鱼鳞片剥落现象。

2）原因分析

钢筋保管不良，受到雨雪侵蚀，存放期长，仓库环境潮湿，通风不良。

3）预防措施

钢筋原料应存放在仓库或料棚内，保持地面干燥；钢筋不得直接堆放在地上，场地四周要有排水措施；堆放期尽量缩短。

4）治理方法

淡黄色轻微浮锈不必处理。红褐色锈斑可用手工钢刷清除，尽可能采用机械方法，对于锈蚀严重、发生锈皮剥落现象的钢筋应研究是否降级使用或不用。

2. 混料

1）现象

钢筋品种、等级混杂不清，不同直径的钢筋堆放在一起，难以分辨，影响使用。

2）原因分析

原材料仓库管理不当，制度不严；直径大小相近的，目测有时难以分清；技术证明未随钢筋实物同时交送仓库。

3）治理方法

发现混料情况后，应立即检查并进行清理，重新分类堆放，如果翻垛工作量大，不易清理，应对该钢筋做出记号，以备发料时提醒注意，已发出去的混料钢筋应立刻追查，并采取防止事故的措施。

3. 原料弯曲

1）现象

钢筋运至现场后发现有严重曲折形状。

2）原因分析

运输时装车不注意；运输车辆较短，条状钢筋弯折过度；用吊车卸车时，挂钩或堆放不慎；压垛过重。

3）预防措施

采用专车拉运，较长的钢筋尽可能采用吊车卸车。

4）治理方法

利用矫直台将弯折处矫直，对曲折处圆弧半径较小的硬弯，矫直后应检查有无局部细裂纹，局部矫正不直或产生裂纹的不得用作受力筋。

4. 成型后弯曲裂缝

1）现象

钢筋成型后弯曲处外侧产生横向裂缝。

2）防治方法

取样复查冷弯性能，分析化学成分，检查磷的含量是否超过规定值，检查裂缝是否由于原先已弯折或碰损而形成，如有这类痕迹，则属于局部外伤，可不必对原材料进行性能复检。

5. 钢筋原料不合格

1）现象

钢筋原料经取样检验不符合技术标准要求。

2）原因分析

钢筋出厂时检查不合格，以致整批材质不合格或不均匀。

3）预防措施

进场原材料必须送样检验。

4）治理方法

另取双倍试样进行二次检验，如仍不合格，则该批钢筋不允许使用。

2.2　钢筋加工的质量通病

1. 剪断尺寸不准

1）现象

剪断尺寸不准或被剪断钢筋端头不平。

2）原因分析

定位尺寸不准或刀片间隙过大。

3）预防措施

严格控制剪断尺寸，调整固定刀片与冲切刀片间的水平间隙。

4）治理方法

根据钢筋所在部位和剪断误差情况,确定是否可用或返工。

2. 箍筋不规整

1）现象

矩形箍筋成型后拐角不成90°或两对角线长度不相等。

2）原因分析

箍筋边长成型尺寸与图样要求误差过大,没有严格控制弯曲角度,一次弯曲多个箍筋时没有逐根对齐。

3）预防措施

注意操作,使成型尺寸准确,当一次弯曲多个箍筋时,应在弯折处逐根对齐。

4）治理方法

当箍筋的外形误差超过质量标准允许值时,对于I级钢筋可以将弯折处伸直,重新进行弯曲,对于其他品种钢筋不得重新弯曲。

3. 成型钢筋变形

1）现象

钢筋成型时外形准确,但在堆放过程中发生扭曲,有角度偏差。

2）原因分析

成型后往地面摔得过重,因地面不平与别的钢筋碰撞,堆放过高压弯,搬运频繁。

3）预防措施

搬运、堆放时要轻抬轻放,放置地点应平整;尽量按施工需要运至现场并按使用先后顺序堆放,根据具体情况处理。

2.3　钢筋安装的质量通病

1. 骨架外形尺寸不准

1）现象

在楼板外绑扎的钢筋骨架,往里安放时放不进去,或划刮模板。

2）原因分析

若成型工序能确保尺寸合格,就应从安装质量上找原因,安装质量的影响因素有两个:多根钢筋未对齐;绑扎时某号钢筋偏离规定位置。

3）预防措施

绑扎时将多根钢筋端部对齐,防止钢筋绑扎偏斜或骨架扭曲。

4）治理方法

将导致骨架外形尺寸不准的个别钢筋松绑,重新安装绑扎。切忌用锤子敲击,以免骨架其他部位变形或松扣。

2.平板保护层不准

1）现象

浇灌混凝土前发现平板保护层厚度没有达到规范要求。

2）原因分析

保护层砂浆垫块厚度不准确,或垫块垫得少。

3）预防措施

检查砂浆垫块厚度是否准确,并根据平板面积大小适当多垫。

4）治理方法

浇捣混凝土前发现保护层不准应及时采取措施补救。

3.柱子外伸钢筋错位

1）现象

下柱外伸钢筋从柱顶甩出,由于位置偏离设计要求过大,与上柱钢筋搭接不直。

2）原因分析

钢筋安装后虽已自检合格,但由于固定钢筋措施不可靠,发生变化,或浇捣混凝土时被振动器或其他操作机具碰歪撞斜,没及时校正。

3）预防措施

(1)在外伸部分加一道临时箍筋,按图样位置安装好,然后用样板固定好,浇捣混凝土前再检查一遍。如发生移位则应校正后再浇捣混凝土。

(2)注意浇捣操作,尽量不碰撞钢筋,浇捣过程中由专人随时检查并及时校正。

4）治理方法

在靠紧搭接不可能时,仍应使上柱钢筋保持设计位置,并采取垫紧焊接联系。

4.同截面接头过多

1）现象

在绑扎或安装钢筋骨架时,发现同一截面受力钢筋接头过多,其截面面积占受力钢筋总截面面积的百分率超出规范规定的数值。

2）原因分析

(1)钢筋配料时疏忽大意,没有认真考虑原材料长度。

(2)忽略了某些杆件不允许采用绑扎接头的规定。

(3)忽略了配置在构件同一截面中的接头,其中距不得小于搭接长度的规定;对于接触对焊接头,$30d$ 区域作为同一截面,但不得小于 $500 \, mm$,其中 d 为受力钢筋直径。

(4)分不清钢筋在受拉区还是在受压区。

3）预防措施

(1)配料时按下料单钢筋编号,再划出几个分号,注明哪个分号与哪个分号搭配,对于同一搭配安装方法不同的(同一搭配而各分号是一顺一倒安装的),要加文字说明。

(2)轴心受拉和小偏心受拉杆件中的钢筋接头均应焊接,不得采用绑扎接头。

(3)弄清楚规范中规定的同一截面的含义。

（4）如分不清受拉区或受压区,接头位置均应按受压区的规定处理;如果在钢筋安装过程中,安装人员与配料人员对受拉或受压理解不同,则应讨论解决。

4）治理方法

在钢筋骨架未绑扎时,发现接头数量不符合规范要求,应立即通知配料人员重新考虑设置方案;如已绑扎或安装完钢筋骨架才发现,则根据具体情况进行处理,一般情况下应拆除骨架或抽出有问题的钢筋返工。如果返工影响工时或工期太长,则可采用加焊帮条(个别情况经过研究也可以采用绑扎帮条)的方法解决,或将绑扎搭接改为电弧焊接。

5.露筋

1）现象

结构或构件拆模时发现混凝土表面有钢筋露出。

2）原因分析

保护层砂浆垫块垫得太稀或脱落;钢筋成型尺寸不准确或钢筋骨架绑扎不当,造成骨架外形偏大,局部接触模板,振捣混凝土时,振动器撞击钢筋,使钢筋移位或引起绑扣松散。

3）预防措施

砂浆垫块要适量,垫得可靠;竖立钢筋采用埋有铁丝的垫块,垫块绑在钢筋骨架外侧时,为使保护层厚度准确,应用铁丝将钢筋骨架拉向模板,将垫块挤牢;严格检查钢筋的成型尺寸,模外绑扎钢筋骨架,要控制好它的外形尺寸,不得超过允许值。

4）治理方法

范围不大的轻微露筋可用灰浆堵抹,露筋部位附近混凝土出现麻点的应沿周围敲开或凿掉,直至看不到孔眼为止,然后用砂浆找平。为保证修复灰浆或砂浆与原混凝土结合可靠,原混凝土面要用水冲洗,用铁刷刷净,使表面没有粉层、砂浆或残渣,并在表面湿润的情况下补修,重要受力部位的露筋应经过技术鉴定后,采取措施补救。

6.钢筋遗漏

1）现象

检查核对绑扎好的钢筋骨架时,发现某号钢筋遗漏。

2）原因分析

施工管理不当,没有事先熟悉图样和研究各号钢筋的安装顺序。

3）预防措施

绑扎钢筋骨架前要熟悉图样,并按钢筋材料表核对配料单和料牌,检查钢筋规格是否齐全准确,形状、数量是否与图样相符。在熟悉图样的基础上,仔细研究各钢筋绑扎安装顺序和步骤,整个钢筋骨架绑完后应清理现场,检查有无遗漏。

4）治理方法

遗漏的钢筋要全部补上,骨架结构简单的,钢筋放进骨架即可继续绑扎,复杂的要拆除骨架部分钢筋才能补上,对于已浇灌混凝土的结构物或构件,发现某号钢筋遗漏时要通过结构性能分析确定处理方法。

7. 绑扎节点松扣

1）现象

搬移钢筋骨架时，绑扎节点松扣或浇捣混凝土时绑扣松脱。

2）原因分析

绑扎铁丝太硬或粗细不适当，绑扣形式不正确。

3）预防措施

一般采用 20～22 号铁丝绑扎，绑扎直径 12 mm 以下的钢筋宜用 22 号铁丝，绑扎直径 12～15 mm 的钢筋宜用 20 号铁丝，绑扎梁、柱中直径较粗的钢筋可用双根 22 号铁丝。绑扎时要尽量选用不易松脱的绑扣形式，如绑平板钢筋网时，除了用一面顺扣外，还应加一些十字花扣，钢筋转角处要采用兜扣并加缠；对竖立的钢筋网，除了十字花扣外，也要适当加缠。

4）治理方法

将节点松扣处重新绑牢。

8. 柱钢筋弯钩方向不对

1）现象

柱钢筋骨架绑完后，安装时发现弯钩超出模板范围。

2）原因分析

绑扎时疏忽，将弯钩方向朝外。

3）预防措施

绑扎时应使柱的纵向钢筋弯钩朝柱心。

4）治理方法

将弯钩方向不对的钢筋拆除，调准方向再绑，切忌不拆除钢筋而硬将其拧转，这样做不但会拧松绑口，还可能导致整个骨架变形。

9. 板钢筋主副筋放反

1）现象

平板钢筋施工时板的主副筋放反。

2）原因分析

由于操作人员疏忽，使用时对主副筋在上或在下不加区别就将其放进模板。

3）预防措施

绑扎现浇板筋时，要向有关操作者进行专门交底，板底短跨筋置于下排，板面短跨筋置于上排。

4）防治措施

钢筋网主副筋放反，应及时返工重绑。如已浇筑混凝土，成型后才发现，必须通过设计单位复核其承载能力，再确定是否采取加固措施。

任务3 混凝土工程质量通病分析及预防

混凝土工程是钢筋混凝土主体结构工程的重要分项工程之一,混凝土的浇筑质量对保证钢筋混凝土结构及其结构构件的质量与安全,结构的强度、刚度等起重要作用。在施工过程中,由于混凝土浇筑不规范而造成的工程质量问题时有发生。本任务结合施工现场混凝土浇筑的实际情况,分析混凝土工程中的质量通病形成原因以及防治措施。

1.蜂窝

1)现象

混凝土结构局部出现酥松、砂浆少、石子多、石子之间形成类似蜂窝状的窟窿的现象。

2)原因分析

(1)混凝土配合比不当或砂、石子、水泥的计量不准,造成砂浆少、石子多。

(2)混凝土搅拌时间不够,未拌和均匀,和易性差,振捣不密实。

(3)下料不当或下料高度过高,未设串筒使石子集中,造成石子、砂浆离析。

(4)混凝土未分层下料,振捣不实;漏振;振捣时间不够。

(5)模板缝隙未堵严,水泥浆流失。

(6)钢筋较密,使用的石子粒径过大或混凝土坍落度过小。

(7)基础、柱、墙根部未稍加间歇就继续灌注上层混凝土。

3)防治措施

(1)认真设计、严格控制混凝土配合比,经常检查,做到计量准确,混凝土拌和均匀,坍落度适合;混凝土下料高度超过2 m应设串筒或溜槽,浇灌时应分层下料,分层振捣,防止漏振;模板缝应堵塞严密,浇灌中应随时检查模板支撑情况以防止漏浆;基础、柱、墙根部应在下部浇完后间歇1~1.5 h,沉实后再浇上部混凝土,避免出现"烂脖子"。

(2)对于小蜂窝,洗刷干净后,用1:2或1:2.5水泥砂浆抹平压实;对于较大蜂窝,凿去蜂窝处薄弱松散颗粒,刷洗净后支模,用高一级细石混凝土仔细填塞捣实;对丁较深蜂窝,如清除困难,可埋压浆管、排气管,表面抹砂浆或灌注混凝土封闭后,进行水泥压浆处理。

2.麻面

1)现象

混凝土表面局部出现缺浆和许多小凹坑、麻点,形成粗糙面,但无钢筋外露现象。

2)原因分析

(1)模板表面粗糙或黏附杂物未清理干净,拆模时混凝土表面被粘坏。

(2)模板未浇水湿润或湿润不够,构件表面混凝土的水分被吸去,使混凝土失水过多出现麻面。

(3)模板拼缝不严,局部漏浆。

（4）模板隔离剂涂刷不匀，局部漏刷或失效；混凝土表面与模板黏结造成麻面。

（5）混凝土振捣不实，气泡未排出，停在模板表面形成麻点。

3）防治措施

（1）模板表面应清理干净，不得粘有干硬水泥砂浆等杂物；浇灌混凝土前，模板应浇水充分湿润，模板缝隙应用油毡纸、腻子等堵严；模板隔离剂应选用长效的，涂刷均匀，不得漏刷；混凝土应分层均匀振捣密实，至排出气泡为止。

（2）表面有粉刷的，可不处理；表面无粉刷的，应在麻面部位浇水充分湿润后，用原混凝土配合比无石子砂浆将麻面抹平压光。

3. 孔洞

1）现象

混凝土结构内部有尺寸较大的空隙，局部没有混凝土或蜂窝特别大，钢筋局部或全部裸露。

2）原因分析

（1）在钢筋较密的部位或预留孔洞和埋件处，混凝土料被卡住，未振捣就继续浇筑上层混凝土。

（2）混凝土离析，砂浆分离，石子成堆，严重跑浆，又未进行振捣。

（3）混凝土一次下料过多、过厚，下料高度过高，振捣器振捣不到，形成松散孔洞。

（4）混凝土内掉入工具、木块、泥块等杂物，混凝土被卡住。

3）防治措施

（1）在钢筋密集处及复杂部位，采用细石混凝土浇灌并将模板内充满，认真分层振捣密实，预留孔洞；应两侧同时下料，侧面加开浇灌门，严防漏振；砂石中混有的黏土块、工具等杂物掉入混凝土内，应及时清除干净。

（2）将孔洞周围的松散混凝土和软弱浆膜凿除，用压力水冲洗，湿润后用高强度等级细石混凝土仔细浇灌、捣实。

4. 露筋

1）现象

混凝土内部主筋、副筋或箍筋局部裸露在结构构件表面。

2）原因分析

（1）灌注混凝土时，钢筋保护层垫块移位或垫块太少、漏放，致使钢筋紧贴模板外露。

（2）结构构件截面小，钢筋过密，石子卡在钢筋上，使水泥砂浆不能包裹住钢筋，造成露筋。

（3）混凝土配合比不当，产生离析，靠模板部位缺浆或模板漏浆。

（4）混凝土保护层太小或保护层处混凝土振捣不实；振捣棒撞击钢筋或工人踩踏钢筋使钢筋移位，造成露筋。

（5）木模板未浇水湿润，吸水黏结或脱模过早，拆模时缺棱、掉角，导致露筋。

3）防治措施

（1）浇灌混凝土时，应保证钢筋位置和保护层厚度正确，并应加强检查；钢筋密集时，应选用适当粒径的石子,保证混凝土配合比准确并具有良好的和易性;浇灌高度超过 2 m 时,应用串筒或溜槽进行下料,以防止离析;模板应充分润湿并认真堵好缝隙;混凝土振捣时严禁撞击钢筋,操作时避免踩踏钢筋,如有踩弯或脱扣等应及时调整;保护层混凝土要振捣密实;准确掌握脱模时间,防止过早拆模,碰坏棱角。

(2)表面露筋部位刷洗干净后,抹 1:2 或 1:2.5 水泥砂浆,将露筋部位抹平;露筋较深的凿去薄弱混凝土和突出颗粒,洗刷干净后,用比原来高一级的细石混凝土填塞压实。

5.缝隙、夹层

1)现象

混凝土内存在水平或垂直的松散混凝土夹层。

2)原因分析

(1)施工缝或变形缝未经接缝处理,未清除表面水泥薄膜和松动石子,未除去软弱混凝土层且未充分润湿就灌注混凝土。

(2)施工缝处锯屑、泥土、砖块等杂物未清除或未清除干净。

(3)混凝土浇灌高度过大,未设串筒、溜槽,造成混凝土离析。

(4)底层交接处未灌注接缝砂浆层,接缝处混凝土未很好振捣。

3)防治措施

(1)认真按施工验收规范要求处理施工缝及变形缝表面;接缝处锯屑、泥土、砖块等杂物应清理干净,接缝处应洗净;混凝土浇灌高度大于 2 m 时应设串筒或溜槽,接缝处浇灌前应先浇 50 ~ 100 mm 厚原配合比无石子砂浆,以利结合良好,并加强接缝处混凝土的振捣。

(2)缝隙、夹层不深时,可将松散混凝土凿去,洗刷干净后,用 1:2 或 1:2.5 水泥砂浆填实;缝隙、夹层较深时,应清除松散部分和内部夹杂物,用压力水冲洗干净后支模,灌细石混凝土或将表面封闭后进行压浆处理。

6.缺棱掉角

1)现象

结构或构件边角处混凝土局部掉落,不规则,棱角有缺陷。

2)原因分析

(1)木模板未充分浇水润湿或润湿不够,混凝土浇筑后养护不好,造成脱水、强度低,或模板吸水膨胀将边角拉裂,拆模时棱角被粘掉。

(2)低温施工,过早拆除侧面非承重模板。

(3)拆模时,边角受外力或重物撞击,或保护不好,棱角被碰掉。

(4)模板未涂刷隔离剂,或涂刷不均。

3)防治措施

(1)木模板在浇筑混凝土前应充分润湿,混凝土浇筑后应认真浇水养护,拆除侧面非承重模板时,混凝土应具有 1.2 N/mm² 以上强度;拆模时注意保护棱角,避免用力过猛、过急;吊运模板时,防止撞击棱角;运输时,将成品阳角用草袋等保护好,以免碰损。

(2)可将缺棱掉角处松散颗粒凿除,冲洗并充分湿润后,视破损程度用 1:2 或 1:2.5 水泥砂浆抹补齐整,或支模并用比原来高一级的混凝土捣实补好,认真养护。

7. 表面不平整

1)现象

混凝土表面凹凸不平,或板厚薄不一,表面不平。

2)原因分析

(1)混凝土浇筑后,表面仅用铁锹拍平,未用抹子找平、压光,造成表面粗糙不平。

(2)模板未支承在坚硬土层上,或支承面不足,或支撑松动、泡水,致使早期养护时新浇灌混凝土发生不均匀下沉。

(3)混凝土未达到一定强度时,上人操作或运料,使表面出现凹陷不平或印痕。

3)防治措施

严格按施工规范操作,灌注混凝土后,应根据水平控制标志或弹线用抹子找平、压光,终凝后浇水养护;模板应有足够的强度、刚度和稳定性,应支在坚实地基上,有足够的支承面积,并防止浸水,以保证不发生下沉;在浇筑混凝土时,应加强检查,混凝土强度达到 1.2 N/mm^2 以上时,方可在已浇结构上走动。

8. 强度不够,均质性差

1)现象

同批混凝土试块的抗压强度平均值低于设计要求的强度等级。

2)原因分析

(1)水泥过期或受潮,活性降低;砂、石料级配不好,空隙大,含泥量大,杂物多,外加剂使用不当,掺量不准确。

(2)混凝土配合比不当,计量不准,施工中随意加水,水灰比增大。

(3)混凝土加料顺序颠倒,搅拌时间不够,拌和不匀。

(4)冬期施工,拆模过早或早期受冻。

(5)混凝土试块制作未振捣密实,养护管理不善,或养护条件不符合要求,在同条件养护时,早期脱水或受外力破坏。

3)防治措施

(1)水泥应有出厂合格证,新鲜无结块,过期水泥经试验合格才可用;砂、石子的粒径、级配、含泥量等应符合要求,严格控制混凝土配合比,保证计量准确,混凝土应按顺序拌制,保证搅拌时间和拌匀;防止混凝土早期受冻,冬期施工时用普通水泥配制的混凝土,强度达到30%以上,矿渣水泥配制的混凝土,强度达到 40% 以上,方可遭受冻结;按施工规范要求认真制作混凝土试块,并加强对试块的管理和养护。

(2)当混凝土强度偏低时,可用非破损方法(如回弹法、超声波法)测定结构混凝土实际强度,如仍不能满足要求,可按实际强度校核结构的安全度,研究处理方案,采取相应加固或补强措施。

任务4 屋面工程质量通病分析及预防

屋面工程是钢筋混凝土主体结构工程的重要分部工程之一,屋面工程中的防水工程对于保证钢筋混凝土结构及其结构构件的质量与耐久性,建筑物的正常使用等起重要作用。在施工过程中,由于屋面防水工程施工的不规范而造成的影响建筑正常使用以及影响结构耐久性等的问题时有发生。本任务结合施工现场屋面防水工程的实际情况,分析屋面工程中的质量通病形成原因以及防治措施。

1. 防水基层找坡不准,排水不畅

1)现象

找平层施工后,在屋面上容易发生局部积水现象,尤其是在天沟、檐沟和水落口周围,下雨后积水不能及时排出。

2)原因分析

(1)排水坡度不符合设计要求。

(2)天沟、檐沟的纵向坡度在施工操作时控制不严,造成排水不畅。

(3)水落管内径过小,屋面垃圾、落叶等杂物未及时清扫。

3)预防措施

(1)根据建筑物的使用功能,在设计中应正确处理分水、排水和防水之间的关系。平屋面宜由结构找坡,其坡度宜为3%;当采用材料找坡时,宜为2%。

(2)天沟、檐沟的纵向坡度不应小于1%;沟底水落差不得超过200 mm;水落管直径不应小于75 mm;天沟、檐沟排水不得流经变形缝和防火墙。

(3)屋面找平层施工时,应严格按照设计坡度拉线,并在相应位置上设基准点(冲筋)。

(4)屋面找平层施工完成后,应及时组织验收屋面坡度、平整度,必要时可在雨后检查屋面是否积水。

(5)防水层施工前,将屋面垃圾、落叶等杂物清理干净。

4)治理方法

参考《屋面工程技术规范》(GB 50345—2012),对局部进行找补和细部处理,以达到相关设计规范要求。

2. 找平层起砂、起皮

1)现象

找平层施工后,屋面出现不同颜色的分布不均的砂粒,用手一搓,砂子就会分层浮起;用手拍打,表面水泥浆会成片脱落或有起皮、起鼓现象;用木槌敲击,会听到空鼓的哑声。找平层起砂、起皮是两种不同的现象,但有时会在一个工程中同时出现。

2)原因分析

(1)结构层或保温层高低不平,导致找平层施工厚度不均。

（2）配合比不准,使用过期和受潮结块的水泥;砂子含泥量过大。

（3）屋面基层清扫不干净,找平层施工前基层未刷水泥浆。

（4）水泥砂浆搅拌不均,摊铺压实不当,特别是水泥砂浆在收水后未能及时进行二次压实和收光。

（5）水泥砂浆养护不充分,特别是保温材料的基层,更易出现水泥水化不完全的问题。

3）预防措施

（1）严格控制结构或保温层的标高,确保找平层的厚度符合设计要求。

（2）在松散材料保温层上做找平层时,宜选用细石混凝土材料,其厚度一般为 30 ~ 35 mm,混凝土强度等级应大于 C20。必要时,可在混凝土内配置双向 $\phi^b 4@200$ mm 的钢丝网片。

（3）水泥砂浆找平层宜采用 1:2.5 ~ 1:3(水泥:砂)体积配合比,水泥强度等级不低于 32.5 级;不得使用过期和受潮结块的水泥,砂子含泥量不大于 5%。当采用细砂骨料时,水泥砂浆配合比宜改为 1:2(水泥:砂)。

（4）水泥砂浆摊铺前,屋面基层应清扫干净并充分润湿,但不得有积水现象。摊铺前应用水泥净浆薄薄涂刷一层,确保水泥砂浆与基层黏结良好。

（5）水泥浆宜用机械搅拌,并要严格控制水灰比(一般为 0.6 ~ 0.65),砂浆稠度控制在 70 ~ 80 mm,搅拌时间不得少于 1.5 min。搅拌后的水泥砂浆宜达到"手捏成团、落地开花"的操作要求,并应做到随拌随用。

（6）做好水泥砂浆的摊铺和压实工作。推荐采用木靠尺刮平,木抹子初压,并在初凝收水前再用铁抹子二次压实和收光。

（7）屋面找平层施工后应及时覆盖浇水养护(宜用薄膜塑料布或草袋覆盖),使其表面保持湿润,养护时间宜为 7 ~ 10 d,也可使用喷养护剂、涂刷冷底子油等方法进行养护,保证砂浆中的水泥能充分水化。

4）治理方法

（1）对于面积不大的轻度起砂,在清扫表面浮砂后,可用水泥净浆进行修补;对于大面积起砂的屋面,则应将水泥砂浆找平层凿至一定深度,再用 1:2(体积比)水泥砂浆进行修补,修补厚度不宜小于 15 mm,修补范围宜适当扩大。

（2）对于局部起皮或起鼓部位,在挖开后可用 1:2(体积比)水泥砂浆进行修补。修补时应做好基层及新旧部位的接缝处理。

（3）对于成片或大面积的起皮或起鼓屋面,则应铲除后返工重做。为保证返修后的工程质量,此时可采用滚压法抹压工艺。先用直径 200 mm、长 700 mm 的钢管(内灌混凝土)制成压辊,在水泥砂浆找平层摊铺、刮平后,随即用压辊来回滚压,要求压实、压平,直到表面泛浆为止,最后用铁抹子赶光、压平。采用滚压法抹压工艺,必须使用半干硬性的水泥砂浆,且应在滚压后适时地进行养护。

3. 找平层开裂、空鼓

1）现象

开裂、空鼓主要发生在有保温层的水泥砂浆找平层上。找平层出现无规则的裂缝比较普遍。这些裂缝一般分为断续状和树状两种,宽度一般在0.3 mm以下,个别可达0.5 mm以上,出现时间为水泥砂浆施工初期至20 d左右龄期。找平层中较大的裂缝还易引发防水卷材(包括延伸性较好的改性沥青或合成高分子防水卷材在内)开裂,且两者的位置、大小对应。

另一种是在找平层上出现横向规则裂缝,这种裂缝往往是通长和笔直的,裂缝间距在4~6 m。

2)原因分析

(1)在保温屋面中,如采用水泥砂浆找平层,其刚度和抗裂性明显不足。

(2)在保温层上采用水泥砂浆找平,两种材料的线膨胀系数相差较大,且保温材料容易吸水。

(3)找平层的开裂还与施工工艺有关,如抹压不实、养护不良等。

(4)找平层上出现的横向规则裂缝,主要是屋面温差变化较大所致。

3)预防措施

(1)对于屋面防水等级为Ⅰ、Ⅱ级的工程,可采取以下措施。

①对于整浇的钢筋混凝土结构基层,一般应取消水泥砂浆找平层。这样既可省去找平层的工料费,也可提供有利于防水的施工基面。

②对于保温屋面,在保温材料上必须设置35~40 mm厚的C20细石混凝土找平层,内配$\phi4@200$ mm×200 mm钢丝网片。

(2)找平层应设分格缝,分格缝宜设在板端处,其纵横的最大间距:水泥砂浆或细石混凝土找平层不宜大于6 m(根据实际观察最好控制在5 m以下);沥青砂浆找平层不宜大于4 m。水泥砂浆找平层分格缝的缝宽宜小于10 mm,如分格缝兼作排气屋面的排气道,可适当加宽为20 mm,并应与保温层相连通。

(3)对于抗裂要求较高的屋面防水工程,水泥砂浆找平层中宜掺微膨胀剂。

4)治理方法

(1)对于裂缝宽度在0.3 mm以下的不规则裂缝,可用稀释后的改性沥青防水涂料多次涂刷,予以封闭。

(2)对于裂缝宽度在0.3 mm以上的不规则裂缝,除了对裂缝进行封闭外,还宜在裂缝两边加贴"一布二涂"、有胎体增强材料的涂膜防水层,贴缝宽度一般为70~100 mm。

(3)对于横向规则裂缝,则应在裂缝处将砂浆找平层凿开,形成温度分格缝。

4.细部构造不当

1)现象

找平层的阴阳角没有抹圆弧和钝角,水落口处不密实,无组织排水檐口没有留凹槽,伸出屋面的管道周边没有嵌填密封材料。

2)原因分析

施工管理不善,操作工无上岗证,没有编制防水施工方案,施工前没有进行技术交底,没有按图纸和规范施工,没有按每道工序检查。

3)预防措施

(1)阴角要抹圆弧,阳角要抹钝角,圆弧半径为100 mm左右。

（2）直式和横式水落口周围嵌填要密实，要略低于找平层。

（3）若采用无组织排水，檐口要做好防水卷材收头的槽口。

5. 卷材屋面开裂

1）现象

裂缝不规则，其位置、形状、长度各不相同，出现的时间也无规律，一般贴补后不再裂开。

2）原因分析

卷材搭接太少，卷材收缩后接头开裂、翘起，卷材老化龟裂、鼓泡破裂或有外伤等。此外，找平层的分格缝设置不当或处理不好，水泥砂浆不规则开裂等，也会引起卷材的无规则裂缝。

3）预防措施

（1）找平层应设分格缝，防水卷材采用满粘法施工时，在分格缝处宜空铺，宽为 100 mm。

（2）选用合格的卷材，腐朽、变质者应剔除不用。

（3）卷材铺贴后，不得有黏结不牢或翘边等缺陷。

（4）卷材防水层上有重物覆盖或基层变形较大时，应优先采用空铺法、点粘法、条粘法或机械固定法（此法仅适用于 PVC 卷材）。但距屋面周边 800 mm 内应满粘，卷材与卷材之间也应满粘。

4）治理方法

不规则裂缝的位置、形状、长度各不相同，沿裂缝铺贴宽度不小于 250 mm 的卷材，或涂刷带有胎体增强材料的涂膜防水层，其厚度宜为 1.5 mm。治理前应先将裂缝处杂物及面层浮灰清除干净，待干燥后再按上述方法满粘或满涂，贴实封严。

6. 天沟、檐沟漏水

1）现象

沟底或预制檐沟的接头处、屋面与天沟交接处裂缝，沟底渗漏水。

2）原因分析

天沟、檐沟的结构变形、温差变形导致裂缝，防水构造层不符合要求，水落口杯直径太小或堵塞造成溢水、漏水。

3）预防措施

沟内防水层施工前，先检查预制天沟的接头和屋面基层结合处的灌缝是否严密和平整，水落口杯要安装好，排水坡度不宜小于 1%，沟底阴角要抹成圆弧，转折处阳角要抹成钝角，用与卷材同性质的涂膜做防水增强层，沟与屋面交接处空铺宽为 200 mm 的卷材条，防水卷材必须铺到天沟壁顶面。

4）治理方法

天沟、檐沟出现裂缝时，要将裂缝处的防水层割开，将基层裂缝处凿成 V 形槽，上口宽 20 mm，并扫刷干净，再嵌填柔性密封膏，在缝上空铺宽 200 mm 的卷材条作为缓冲层，然后满粘宽 350 mm 的卷材防水层。

7. 水落口漏水

1）现象

沿水落口周围漏水,有的水落口面高于防水层而积水,或因水落口小,堵塞而溢水。

2）原因分析

水落口杯的安装高度高于基层,水落口杯与结构层接触处没有堵嵌密实,横式穿墙水落口与墙体之间的空隙没有用砂浆填嵌严实,没有做防水附加层,防水层没有伸入水落口杯内一定距离,造成雨水沿水落口外侧与水泥砂浆的接缝处渗漏。

3）预防措施

现浇天沟的直式水落口杯要先安装在模板上,方可浇筑混凝土,然后沿杯边捣固密实。预制天沟的水落口杯安装好后要托好杯管周围的底模板,用配合比为1∶2∶2的水泥、砂、细石子混凝土灌注捣实,在杯壁与天沟结合处上面留20 mm×20 mm的凹槽并嵌填密封材料,水落口杯顶面不应高于天沟找平层。

裁一条宽不小于250 mm、长为水落口内径加100 mm的卷材卷成圆筒作为水落口的附加卷材,伸入水落口内100 mm粘贴牢固,露出水落口外的卷材剪成30 mm宽的小条外翻,粘贴在水落口外周围的平面上,再剪一块直径比水落口杯内径大200 mm的卷材,居中按水落口杯内径剪成"米"字形,涂胶贴牢,将"米"字条向口内下插贴牢,然后再铺贴大面防水层。横式穿墙水落口的做法:用1∶3水泥砂浆或细石混凝土嵌好水落口与墙体之间的空隙,沿水落口周围留20 mm×20 mm的槽,嵌填密封膏,水落口底边不得高于基层,底面和侧面加贴附加层防水卷材,铺贴方法同水落口的附加卷材贴法。

4）治理方法

当水落口杯平面高于基层防水层时,要拆除纠正;水落口周围与结构层之间的空隙没有嵌填密实时,要将酥松处凿除,重新补嵌密实并留20 mm×20 mm的凹槽,嵌填防水密封膏,做好防水附加层,再补贴好防水层。

8. 卷材施工后破损

1）现象

在施工过程中,发现卷材有不规则的机械性损伤;或在高温时,卷材防水层出现规则的外伤。

2）原因分析

(1)基层清扫不干净,在防水层内残留砂粒或小石子。

(2)施工人员穿带钉的鞋操作。

(3)卷材防水层上做刚性材料保护层时,运输小车(如手推车)直接将砂浆或混凝土材料倾倒在防水卷材上。

3）预防措施

(1)卷材防水层施工前应进行多次清扫,铺贴卷材前还应检查是否有残存的砂石粒屑;遇五级以上大风时应停止施工,防止脚手架上或上一层建筑物上刮下灰砂。

(2)施工人员必须穿软底鞋操作,无关人员不准在铺好的防水层上随意行走或踩踏。

（3）在卷材防水层上做保护层时,运输材料的手推车必须包裹柔软的橡胶或麻布;在倾倒砂浆或混凝土材料时,其他运输通道上必须铺设木垫板,以防损坏卷材防水层。

4）治理方法

（1）去除破损部位的卷材,按照相关标准、规范局部补强施工。

（2）补强施工完毕后在该部位做24 h蓄水试验,并做好试验记录。

9.SBS卷材起鼓

1）现象

热熔法铺贴卷材时,因操作不当造成卷材起鼓。

2）原因分析

（1）因加热温度不均匀,卷材与基层之间不能完全密贴,导致部分卷材脱落与起鼓。

（2）卷材铺贴时压实不紧,残留的空气未被全部赶出。

3）预防措施

高聚物改性沥青防水卷材施工时,火焰加热要均匀、充分、适度。操作时,首先要求持枪人不得让火焰停留在一个地方的时间过长,而应沿着卷材宽度方向缓缓移动,使卷材横向受热均匀。其次要求加热充分,温度适中。要掌握加热程度,以热熔后的沥青胶出现黑色光泽（此时沥青温度在200~230 ℃）、发亮并有微泡现象为准,趁热推滚,排尽空气。卷材被热熔粘贴后,要在卷材较柔软时及时进行滚压。滚压时间可根据施工环境、气候条件调节、掌握。气温高、冷却慢,滚压宜稍迟;气温低、冷却快,滚压宜提早。另外,加热与滚压的操作要配合默契,使卷材与基层面紧密接触,排尽空气,而在铺压时用力又不宜过大,确保黏结牢固。

4）治理方法

（1）直径在100 mm以下的中、小鼓泡可用抽气灌油法治理。先在鼓泡的两端用铁钻子钻眼,然后在孔眼中各插入一支兽医用的针管,其中一支抽出鼓泡内的气体,另一支灌入纯10号建筑石油沥青稀液,边抽边灌。灌满后拔出针管,用力把卷材压平贴牢,用热沥青封闭针眼,并压上几块砖,几天后再将砖移去即可。

（2）直径为100~300 mm的鼓泡可用"开西瓜"法治理。铲除鼓泡处的绿豆砂,用刀将鼓泡按斜十字形割开,放出鼓泡内的气体,擦干水分,清除旧玛蹄脂,再用喷灯把卷材内部烘干,把旧卷材分片重新粘贴好,再新贴一块方形卷材压入卷材下,最后粘贴覆盖好卷材,四边搭接处用铁熨斗加热抹压平整后,重做绿豆砂保护层。上述分片铺贴的顺序是按屋面流水方向先下再左右后上。

（3）直径更大的鼓泡用割补法治理。先用刀把鼓泡卷材割除,进行基层清理,再用喷灯烘烤旧卷材槎口,并分层剥开,除去旧玛蹄脂后,依次粘贴好旧卷材,上铺一层新卷材（四周与旧卷材搭接不小于50 mm）,然后依次粘贴旧卷材,上面覆盖第二层新卷材,最后粘贴卷材,周边熨平压实,重做绿豆砂保护层。

10.平瓦屋面渗漏

1）现象

屋面雨水侵入发生渗漏。

2）原因分析

（1）屋面坡度不够。

（2）基层材料刚度不足，铺设不平。

（3）木基层上的油毡残缺、破裂，铺钉不牢。

（4）瓦片材质差，缺角，砂眼多，裂缝大，易透水，有翘曲、张口、欠火等缺陷。

（5）瓦缝没有避开当地下雨时的主导风向。

（6）挂瓦时坐浆不满，盖缝不严。

（7）檐头的挂瓦条钉设偏低，檐瓦和木基层上的卷材未盖过封檐板，致使雨水流入檐口内部，俗称"尿檐"。

（8）天沟、檐沟、通风道与泛水等处理不当。

3）预防措施

（1）屋面坡度应符合设计要求。平瓦屋面的排水坡度宜为 20% ～ 50%。

（2）平瓦可铺设在钢筋混凝土（适用于防水等级为Ⅱ级的屋面）或木基层（适用于防水等级为Ⅲ级、Ⅳ级的工业与民用建筑的屋面）上。基层应牢固、平整，避免铺瓦后挠曲变形。

（3）当采用木基层时，檩条、顺水条、望板和封檐板等的尺寸与铺钉方法应符合设计及规范要求，材质不好的应及时剔除不用。

（4）平瓦屋面采用木基层时，应在基层上铺设一层卷材，其搭接宽度不宜小于 100 mm，先用顺水条将卷材压钉在木基层上，顺水条的间距宜为 500 mm，再在顺水条上铺钉挂瓦条。此外，平瓦的瓦头挑出封檐板的长度宜为 50～70 mm。

（5）卷材铺贴应自下而上沿屋脊平行方向进行，搭接应顺流水方向。卷材铺设时应压实铺平，上部工序施工时不得损坏已铺设好的卷材。

（6）挂瓦条间距应根据瓦的规格和屋面坡度确定。挂瓦条应铺钉平整、牢固，上棱应成一直线。

（7）平瓦屋面采用钢筋混凝土基层时，宜在表面涂刷厚度在 2.5 mm 以上的沥青基防水涂料或 1.5 mm 以上的高聚物改性沥青防水涂料。涂膜应厚薄均匀，表面平整，不得有流淌、堆积现象。为确保涂膜与基层黏结牢固，应在涂膜施工前先涂刷一层基层处理剂，要求涂刷均匀，覆盖完全，干燥后方可进行涂膜施工。

（8）选用合格的瓦片。平瓦及脊瓦应边缘整齐，表面光洁，颜色均匀一致，不得有分层、裂纹、露砂等缺陷。平瓦的瓦爪与瓦槽的尺寸应配合适当。要着重检查平瓦的抗弯强度和不透水性，其方法如下。

①抗弯强度的简易检查方法：可将 1 块平瓦搁置于两个同高度的支座上，每边搁置宽度为 20～30 mm，中间悬空。试验时，人可轻轻地站立于瓦上（瓦的抗弯强度可达 600～700 kN），如瓦不断即认为抗弯强度合格。

②不透水性的简易检查方法：将 1 根直径为 25 mm、长度为 200 mm 左右的两头开口的玻璃管立于瓦的正表面上，玻璃管与瓦表面的接触处用腻子或石蜡封好。试验时，向玻璃管内注入高度为 150 mm 的水，隔 1 h 以后，再检查瓦的背面，如没有发现潮湿的斑点，即认为瓦的不透水性合格。

（9）平瓦应铺成整齐的行列，彼此紧密搭接，并应做到瓦榫落槽，瓦脚挂牢，瓦头排齐，檐口成一直线；靠近屋脊处的第一排瓦应用砂浆粘牢。另外，在铺瓦时宜选用干瓦，雨水浸湿的瓦应晾干后再挂，因为潮湿的瓦容易折断。

（10）天沟、檐沟的防水层宜采用1.2 mm厚的合成高分子防水卷材或3 mm厚的高聚物改性沥青防水卷材、"三毡四油"的沥青防水卷材铺设，也可用镀锌薄钢板铺设。瓦伸入天沟、檐沟的长度为50～70 mm，而天沟、檐沟的防水层伸入瓦内的宽度不小于50 mm。此外，凸出屋面的墙或通风道的侧面瓦伸入泛水的宽度不小于50 mm。

（11）平瓦屋面上的泛水，宜采用水泥石灰砂浆分次抹成，其配合比宜为1∶1∶4，并应加1.5%的麻刀。通风道与屋面的交接处在迎水面中部应抹出分水线，并应高出两侧各30 mm。沿山墙封檐的一行瓦的收头处理，宜用1∶2.5水泥砂浆做出拔水线，将瓦封固，有利于防水和美观。

（12）脊瓦搭盖间距应均匀；脊瓦下端距坡面瓦的高度不宜大于80 mm，其缝隙需用掺有麻刀的混合砂浆填实抹平；脊瓦与两坡面瓦的搭盖宽度每边不应小于40 mm；屋脊与斜脊应平直，无起伏现象。

（13）挂瓦时，瓦的搭接缝宜与当地雨季的主导风向一致。

11．瓦片脱落

1）现象

平瓦屋面施工中及施工后发生瓦片脱落。

2）原因分析

（1）脊瓦底部与瓦楞的空隙处，麻刀灰浆堵塞不严密。

（2）屋面瓦瓦楞的边缘咬接不紧，坐灰（或草泥）不满、不实。

（3）平屋面挂瓦时，瓦的后爪未能挂牢在挂瓦条上，前爪与瓦槽未紧密接合；脊瓦搭盖尺寸不够，脊瓦间的接头和脊瓦下面未按规定坐浆和嵌缝。

（4）平瓦未按规定由两坡从下向上同时对称铺设。

（5）屋面完成后未注意成品保护。

（6）坡度较大的屋面以及大风或地震地区，瓦片未能与挂瓦条系挂牢固。

3）预防措施

（1）屋脊要求平直。施工时宜拉通长麻线，脊瓦底部要垫塞平稳，坐浆饱满，使屋脊不沉陷变形。

（2）平瓦屋面的脊瓦与平瓦的搭盖宽度每边不应小于40 mm，平脊的接口要顺着主导风向，斜脊的接头口要向下，即由下向上铺设，平脊与斜脊的交接处要用掺麻刀的混合砂浆封严。

（3）铺设平瓦时，瓦片应均匀分散地堆放在两坡的屋面上，不得集中堆放。铺设时应由两坡从下向上同时对称铺设，以免不对称的施工荷载使屋盖结构受力不均，导致结构破坏或坍塌。

（4）在基层上采用泥背铺瓦时，前后坡应自下而上同时对称施工；此时应分两层铺抹，待第一层干燥后再铺抹第二层，并随铺平瓦。

（5）当屋面坡度大于50%时，或在大风或地震地区，应采取措施使瓦片与屋面结构基层固定牢固。每隔一排瓦需用 20 号镀锌铁丝穿过瓦鼻小孔,绑在下一排挂瓦条上。

(6)瓦屋面完工后,应避免屋面受外力冲击,严禁上人或堆放构件。

12. 油毡瓦片脱落

1)现象

油毡瓦屋面施工后遇风力或受振动瓦片脱落。

2)原因分析

瓦片与基层黏结固定不牢和铺设脊瓦时施工方法不当。

3)预防措施

(1)油毡瓦的基层及垫毡必须铺贴平整,且在铺设油毡瓦时应将瓦片与基层紧贴,并保持平整,每片油毡瓦与基层的固定不应少于 4 个油毡钉或水泥钉。当屋面坡度大于 150% 时,应增加油毡钉或水泥钉数量。

(2)铺设脊瓦时,应将油毡瓦沿切槽剪开,分成 4 块作为脊瓦,并用 2 个油毡钉或水泥钉固定。此时,脊瓦应顺年最大频率风向搭接,并应搭盖住两坡面油毡瓦接缝的 1/3。脊瓦与脊瓦的压盖面不应小于脊瓦面积的 1/2。

(3)铺设脊瓦时,应在脊瓦两边各钉一个钉子,固定在两侧的坡屋面上,钉位应距离侧边 25 mm,且紧挨自粘胶的部位,并被第二张脊瓦所覆盖。被覆盖的脊瓦,外露长度不应超过 142 mm。

(4)在大风或地震地区,应将檐口处第一层油毡瓦及屋脊处的脊瓦,先用沥青胶结材料粘贴牢固,然后按上述方法用油毡钉或水泥钉固定,以防大风掀起或地震时瓦片脱落。

13. 屋面保温层起鼓、开裂

1)现象

屋面保温层起鼓、开裂。

2)原因分析

保温材料中窝有过多水分,在温差作用下形成巨大的蒸汽压力,导致保温层乃至找平层、防水层起鼓、开裂;由于结冻产生的体积膨胀可能推裂屋面女儿墙。

3)预防措施

(1)为确保屋面保温效果,应优先采用质轻、导热系数小且含水率较低的保温材料,如聚苯乙烯泡沫塑料板、现喷硬质发泡聚氨酯保温层,严禁采用现浇水泥膨胀蛭石及水泥膨胀珍珠岩材料。

(2)控制原材料含水率。封闭式保温层的含水率应相当于该材料在当地自然风干状态下的平均含水率。

(3)保温层施工完成后,应及时进行找平层和防水层的施工。雨季施工时保温层应采取遮盖措施。

(4)在材料堆放、运输、施工以及成品保护等环节,都应采取措施,防止保温材料受潮和淋雨。

(5)屋面保温层干燥有困难时,应采取排气措施。排气道应纵横贯通,并应与和大气连通的排气孔相通,排气孔宜每 25 m² 设置 1 个,并做好防水处理。

(6)为减少屋面保温层的起鼓和开裂,找平层宜选用细石混凝土或配筋细石混凝土材料。

4)治理方法

(1)屋面保温层的主要质量通病虽然表现为起鼓、开裂,但其根源在于施工后保温层中有大量的积水。解决办法之一就是排除保温层内多余的水分。

(2)保温层内积水的排除可在保温层或防水层完工后进行。具体做法:先在屋面上凿一个略大于混凝土真空吸水机吸头的孔洞,将吸头直接埋入保温层内。吸头用普通棉布包裹严实,以防松散的保温材料吸入真空吸水机内。然后在孔洞的周围用半干硬性水泥砂浆和素水泥浆封严,不得有漏气现象,每个吸水点连续作业 45 min 左右,即可将保温层内达到饱和状态的积水抽尽。

(3)保温层干燥程度简易测试法:用冲击钻在保温层最厚的地方钻 1 个直径在 16 mm 以上的圆孔,孔深为 2/3 保温层厚度,用一块大于圆孔的白色塑料布盖在圆孔上,塑料布四周用胶带等压紧密封,然后取一冰块放置于塑料布上。此时圆孔内的潮湿气体遇冷便在塑料布底面结露,2 min 左右取下冰块,观察塑料布底面结露情况。如有明显露珠,说明保温层不干;如果仅有一层不明显的白色小雾,说明保温层基本干燥,可以进行防水层施工。测试时间宜选择在下午 14—15 时,此时保温层内温度高,相对温差大,测试结果准确。对于大面积屋面,应多测几点,以提高测试的准确性。

14. 板状材料保温层含水率过大

1)现象

板状材料保温层中含水率过大,超过了规范规定,致使导热系数增大,保温性能下降。

2)原因分析

(1)保温材料吸水率大,制品成型时拌和水量过大,水分不易蒸发。

(2)在铺贴好的块状制品上抹找平层砂浆前浇水过多,抹找平层砂浆后水分不易蒸发掉。

3)预防措施

(1)制品进场时应有标明表观密度、含水率、导热系数、强度、尺寸偏差的质量证明文件,必要时应抽样检查。制品进场后应堆码在室内,如条件不允许而堆码在室外,下面应垫板,上面设置防雨水设施。

(2)在铺设好的保温层上抹找平层砂浆时,应用喷壶洒水,不得使用胶管浇水。

(3)找平层水泥砂浆可掺加减水剂或微沫剂,以增大其流动性,减少用水量。

(4)待保温层干燥至允许含水率之后再做防水层。

4)治理方法

对于屋面工程,可在干燥季节返修防水层,待保温层干燥后再做新的防水层,也可将防水层局部剖开,设排气孔。

任务5 楼地面工程质量通病分析及预防

楼地面工程是钢筋混凝土主体结构工程的重要分部工程之一,楼地面的施工质量对于保证钢筋混凝土结构及其结构构件的质量与安全,结构的正常使用起重要作用。在施工过程中,由于楼地面工程施工的不规范而造成的工程质量问题时有发生。本任务结合施工现场楼地面的实际施工情况,分析楼地面工程中的质量通病形成原因以及防治措施。

5.1 楼地面空鼓

1. 现象

楼地面空鼓多出现于面层与垫层之间或垫层与基层之间,用小锤敲击有空鼓声。使用一段时间后,空鼓处容易开裂,严重时大片剥落,破坏地面的使用功能。

2. 原因分析

(1)垫层(基层)表面清理不干净,有浮灰、浆膜或其他污物。特别是室内粉刷的白灰砂浆粘在楼板上,极不容易清理干净,严重影响垫层与面层的结合。

(2)水泥砂浆地面施工时,基层过于潮湿,有积水,使水泥砂浆水灰比增大,致使黏结不牢,形成空鼓。

(3)铺设水泥砂浆地面时,基础过于干燥,未浇水润湿或润湿不足,水泥砂浆铺设后,砂浆中的水分很快被基础吸收,造成砂浆失水过快,导致水泥颗粒的水化作用不充分,面层强度降低。

(4)面层水泥砂浆施工前,基层没有凿毛或刷水泥浆结合层不充分。

3. 防治措施

(1)严格处理底层(垫层或基层)。

(2)待有积水地面晾干后再施工。

(3)面层施工前,要先浇适量水湿润。

(4)基层要凿毛,刷水泥浆结合层时要涂刷均匀,不得有遗漏或薄厚不一。

5.2 楼地面起砂

1. 现象

楼地面表面粗糙,光洁度差,颜色发白,不坚实。人走动后,表面先有松散的水泥灰,用手摸感觉像干水泥面。随着走动次数的增多,砂粒逐渐松动或有成片水泥硬壳剥落,露出松散的水泥和砂子。

2.原因分析

(1)水泥、砂等原材料质量不合格。

(2)水泥存放时间较长,受潮、结块,水泥活性差,水泥的胶结性能较差,影响砂浆或者细石混凝土的面层强度,且不耐磨。砂的粒径过小,拌和时,水灰比增大,强度降低。砂的含泥量过大,影响黏结力,引起地表面起砂。

(3)砂浆或细石混凝土的水灰比配制不当。水灰比过大,水泥用量过少,砂浆或细石混凝土的强度降低,表面易产生泌水现象,使得砂浆或细石混凝土比较干硬,且施工困难,同时影响质量。

(4)养护期不适当。砂浆或细石混凝土拌和后,经过初凝、终凝到硬化,在潮湿环境的水化作用下,硬化继续向水泥颗粒内部深入进行,砂浆或细石混凝土的强度在水化作用下不断增长。如果养护时间过短,地面水分太多,会导致地表面脱皮、起砂;如果养护时间过长,水化热引起水分迅速蒸发,形成缺水状态,减缓硬化速度,使得强度与耐磨能力明显降低。

(5)砂浆或细石混凝土的表面压光时间掌握不当。压光时间过早,砂浆或混凝土表面会有一层游离水,不利于消除表面孔隙、气泡等缺陷,且会扰动地表面,对砂浆或细石混凝土强度的增长不利;压光时间过晚,水泥的胶凝体结构已经硬化,表面较干,硬性压光极易损伤表面的强度和抗磨性。

(6)砂浆或混凝土表面尚未达到一定的强度就上人作业。在地表面未达到一定强度就上人走动或施工作业,对地表面的扰动较大,破坏其强度和抗磨性。

(7)冬季低温施工,在没有保温措施时,砂浆或混凝土易受冻,使得其表面的强度被破坏,且受冻后体积膨胀,解冻后不能恢复,使得砂浆或细石混凝土孔隙率变大,表面形成松散的颗粒,大大降低了表面的强度,人走动时会起砂。

3.防治措施

1)对使用的原材料进行控制

(1)严禁使用过期的水泥及受潮结块的水泥,对进场水泥必须检验水泥的生产厂家及其名称、资质,试验报告,出厂合格证及现场抽试的水泥安定性复试报告,合格后方可使用。

(2)应严格控制楼地面砂浆或细石混凝土面层砂的质量,宜采用中砂,且含泥量不应大于3%;细砂易干缩,保水性差,不利于地面压光。

2)严格控制水泥砂浆水灰比

用于楼地面的水泥砂浆稠度一般不应大于35 mm(以标准圆锥体沉入度计),细石混凝土坍落度不应大于30 mm,这是影响楼地面起砂的关键因素之一。

3)控制好楼地面层的施工工艺

(1)掌握好压光时间,控制好楼地面的压光次数,一般不应少于3遍。第一遍压光应在面层铺设后,先用木抹子搓打,抹压平整,使面层材料均匀、紧密,与基层结合牢固,以表面不出现水层为宜;第二遍压光应在水泥砂浆或混凝土初凝(一般指上人时有脚印但不明显下陷)后进行,把凹坑、砂眼、脚印等压平整,不漏压,这样能有效地消除表面的气泡、孔隙等地面层的缺陷;第三遍压光要在水泥砂浆或细石混凝土的终凝(一般指上人时无脚印)前完成,是压光的关键工序,压光时用力要均匀,消除抹痕,使表面光滑平整。

(2)做好养护工作,一般应在压光后 24 h 左右进行洒水养护,严禁过早养护,养护周期应控制在 7~14 d,以满足水泥砂浆或细石混凝土的强度增长要求。值得注意的是,在养护期间严禁上人。

(3)做好楼地面冬季施工方案,施工方案中必须有明确的冬季施工措施,保证施工环境温度在 5 ℃以上,防止楼地面层早期受冻。

5.3 楼地面裂缝

1.现象

混凝土是一种脆性材料,它的抗拉强度很低,在施工和使用过程中,当发生温度、湿度变化,地基不均匀沉降时,其都很有可能产生裂缝。

2.原因分析

(1)原材料的质量差(水泥的安定性差,砂子过细且含泥量超过 3%)。

(2)水泥砂浆的水灰比过大,造成砂浆离析,影响砂浆与基层间的黏结。

(3)面层做好后养护不及时,使水泥收缩量增大,产生收缩裂缝。

(4)回填土质量差或夯填不实,造成土方下沉产生裂缝。

(5)预留管洞封堵不严。

3.防治措施

(1)严格控制原材料进场时的质量验收,对不同批次的原材料要加强抽检。

(2)水泥砂浆在搅拌过程中,应严格按照砂浆配合比规定的用水比例加水,不得随意添加。

(3)严格控制楼地面面层做好后的养护时间,应在浇筑完毕后 12 h 以内对混凝土加以覆盖并保湿养护。

(4)混凝土浇水养护的时间:对采用硅酸盐水泥、普通硅酸盐水泥或矿渣硅酸盐水泥拌制的混凝土不得少于 7 d,对掺用缓凝型外加剂或有抗渗要求的混凝土不得少于 14 d。

(5)浇水次数应能保证混凝土处于湿润状态,混凝土养护用水应与拌制用水相同;采用塑料布覆盖养护的混凝土,其敞露的全部表面应覆盖严密并应保持塑料布内有凝结水。混凝土强度达到 1.2 N/mm² 前不得在其上踩踏或安装模板及支架。应该特别注意的是,当日平均气温低于 5 ℃时不得浇水。

(6)回填土的土质要严格控制,淤泥、腐殖土、耕植土、有机物含量大于 8%的土和建筑垃圾不得作为回填土;土方回填应分层进行,每层厚度不得超过 250 mm,并逐层夯实。

(7)厨房、卫生间预留管道的封堵:在支设底模前,要先清除洞口的垃圾及松散的混凝土,并用清水润湿洞壁,灌注混凝土前要先在洞壁铺抹一层 15 mm 厚的水泥砂浆,然后用掺入膨胀剂的细石混凝土(比楼板混凝土标号高一个等级)分两次灌注,第一次灌注到板厚一半处,待混凝土初凝后再灌注另一半。灌注混凝土的过程中,要用钢筋棒将混凝土振捣密实,以避免混凝土表面有蜂窝、麻面,形成渗漏通道。

任务6　构件定位工程质量通病分析及预防

钢筋混凝土主体结构的构件定位,对于保证钢筋混凝土结构及其结构构件的外观质量和几何尺寸,结构的强度、刚度等起重要作用。在施工过程中,由于构件定位不准确而造成的工程质量问题时有发生。本任务结合施工现场实际情况,分析构件定位不准确的质量通病形成原因以及防治措施。

6.1　轴线位移

1. 现象

钢筋混凝土主体结构浇筑完毕后,当达到拆模条件拆模时,发现钢筋混凝土梁、柱、墙等构件的实际位置与建筑物轴线位置有偏移。

2. 原因分析

(1)模板翻样不认真或技术交底含混不清,模板安装时组合件未能按规定拼装到位。

(2)对建筑物轴线进行测设时,轴线测放有误差。

(3)墙、柱等钢筋混凝土构件的根部和顶部没有限位措施或者限位不牢靠,在施工过程中一系列的扰动造成模板发生偏移,未及时进行纠偏,造成累积误差。

(4)安装模板时,没有拉水平和竖直通线,并且没有拉竖向垂直度控制线。

(5)模板刚度差,而且没有设置水平拉杆或者水平拉杆的设置距离过大。

(6)浇筑混凝土时,没有根据构件的几何形状对称下料,或者一次浇筑的混凝土高度过高从而造成混凝土对模板的侧压力过大,致使模板发生变形。

(7)对拉螺杆、顶撑、木楔使用不当或者松动造成轴线偏移。

3. 防治措施

(1)严格按照1:10~1:50的比例将分部、分项工程图样翻成详图并注明各部位的编号、轴线位置、几何尺寸、剖面形状、预留孔洞、预埋件等,经复核无误后认真对生产班组及操作人员进行技术交底,作为模板制作、安装的依据。

(2)模板轴线测设后,应该组织相关人员进行技术复核验收,确认满足设计要求后才能开始支设模板。

(3)墙、柱等竖向构件的根部和顶部应设置可靠的限位措施。

(4)支设模板时,要拉水平、竖直通线,并设竖向垂直度控制线,以保证模板水平、竖向位置准确。

(5)根据钢筋混凝土主体结构的特点,应对模板进行专项施工方案设计,以保证模板及其支撑系统具有足够的强度、刚度和稳定性。

（6）在混凝土浇筑前，应对模板轴线和模板支撑系统进行认真检查，发现问题应及时整改处理。

（7）混凝土浇筑时，应对称下料，严格控制混凝土的浇筑高度。

6.2 标高误差

1. 现象

在进行工程测量放线时，发现钢筋混凝土结构层标高及预埋件、预留孔洞的标高与施工图设计标高之间有偏差。

2. 原因分析

（1）楼层无标高控制点或控制点偏少，控制网无法闭合；竖向模板根部未找平。

（2）模板顶部无标高标记，或者未按照标高标记施工。

（3）高层建筑标高控制线转测次数过多，累积误差过大。

（4）预埋件、预留孔洞未牢靠固定，施工时不重视施工方法。

（5）楼梯踏步模板没有考虑装修层厚度。

3. 防治措施

（1）每层楼设置足够数量的标高控制点，在安装竖向模板前，必须先将模板支撑面找平。

（2）模板顶部设标高标记，严格按所设置的标记施工。

（3）建筑楼层标高由首层±0.000标高控制，严禁逐层向上引测，以防止累积误差；当建筑高度超过30 m时，应另设标高控制线。每层的标高引测点应不少于2个，以便于复核。

（4）预埋件和预留孔洞，在安装模板前应该与设计图纸对照，确认无误后将其准确固定在设计所要求的位置上，必要时用电焊或套框等方法将其固定。在浇筑混凝土时，应沿其周围分层均匀浇筑，严禁碰击和振动预埋件和模板。

（5）安装楼梯踏步模板时应考虑装修层厚度。

本章习题

一、选择题

1. 对跨度不小于（　　）m 的现浇钢筋混凝土梁、板，其模板应按设计要求起拱。

A. 1　　　　　　　B. 3　　　　　　　C. 2　　　　　　　D. 5　　　　　　　E. 4

2. 当梁、板的起拱设计无具体要求时，起拱高度宜为跨度的（　　）。

A. 1/1 000～3/1 000　　　　　　B. 1/100～3/100

C. 2/1 000～3/1 000　　　　　　D. 1/2 000～3/2 000

E. 1/3 000～3/4 000

3. 柱根部、梁柱接头处应预留清扫孔，预留孔尺寸≥（　　），模板内垃圾清除完毕后应及时将清扫口封严。

  A. 10 mm × 10 mm   B. 100 mm × 100 mm

  C. 200 mm × 200 mm   D. 300 mm × 300 mm

  E. 400 mm × 400 mm

4. 高柱、高墙超过(　　　)m 时,其侧模要开浇捣孔,以便于混凝土浇灌和振捣。

  A. 1   B. 4   C. 2   D. 5   E. 3

5. 当分不清钢筋位于受拉区还是受压区时,通常(　　　)处理。

  A. 按照受压 B. 按照受扭 C. 按照受拉 D. 按照受剪 E. 不

6. 对于小蜂窝,洗刷干净后,用(　　　)或1:2.5 水泥砂浆抹平压实。

  A. 1:2   B. 4:3   C. 2:5   D. 1:5   E. 1:3

7. 在浇筑混凝土时,应加强检查,当混凝土强度达到(　　　)N/mm^2 以上时,方可在已浇结构上走动。

  A. 1   B. 1.2   C. 1.8   D. 2.0   E. 2.5

8. 平屋面宜由结构找坡,其坡度宜为(　　　)%。

  A. 1   B. 3   C. 2   D. 4   E. 5

9. 在松散材料保温层上做找平层时,宜选用细石混凝土材料,其厚度一般为 30～35 mm,混凝土强度等级应大于(　　　)。

  A. C10   B. C15   C. C20   D. C25   E. C30

10. 防水卷材屋面的找平层应设分格缝,防水卷材采用满粘法施工时,在分格缝处宜空铺,宽为(　　　)mm。

  A. 150   B. 40   C. 200   D. 50   E. 100

11. 防水卷材直径在(　　　)mm 以下的中、小鼓泡可用抽气灌油法治理。

  A. 120   B. 150   C. 100   D. 180   E. 200

12. 挂瓦时,瓦的搭接缝宜与当地雨季的(　　　)风向一致。

  A. 下   B. 主导   C. 上   D. 顺   E. 东

13. 建筑楼层标高由首层 ±0.000 标高控制,严禁逐层向上引测,以防止累积误差;当建筑高度超过 30 m 时,应另设标高控制线。每层的标高引测点应不少于(　　　)个,以便于复核。

  A. 1   B. 3   C. 2   D. 4   E. 5

14. 淤泥、腐殖土、耕植土、有机物含量大于(　　　)的土和建筑垃圾不得作为回填土。

  A. 6%   B. 7%   C. 8%   D. 4%   E. 5%

15. 掺用缓凝型外加剂或有抗渗要求的混凝土的养护时间不得少于(　　　)d。

  A. 3   B. 7   C. 21   D. 14   E. 28

二、简答题

1. 模板拼缝不严密造成的后果是什么?

2. 模板脱模剂使用不当的原因是什么?

3. 模板清理的主要措施有哪些?

4. 钢筋表面锈蚀的现象是什么? 钢筋锈蚀的处理方法是什么?

5. 钢筋混凝土结构露筋的原因是什么？防止露筋的处理方法是什么？

6. 混凝土产生蜂窝的原因是什么？

7. 混凝土出现孔洞的现象是什么？孔洞的防治措施是什么？

8. 卷材防水屋面的卷材开裂原因是什么？

9. 屋顶天沟、檐沟处漏水的原因是什么？

10. 预防卷材破损的措施是什么？

11. 请分析楼地面空鼓的原因。

学习情境4　砌体结构工程质量通病分析及预防

砌体结构工程是建筑工程很重要的组成部分,本学习情境将严格结合现场的实际施工情况分析砌体结构工程施工中"常见病、多发病"产生的原因,提出预防措施和解决方法,使学生能够正确分析砌体结构工程质量事故,解决砌体结构工程质量事故,预防砌体结构工程质量事故并初步形成这方面的岗位职业能力。

任务1　砌石工程质量通病分析及预防

1.1　砌石有通缝

1.现象

片石、卵石砌体上下层石缝连通,尤其是在墙角及接槎处比较常见,降低了砌体的整体性。

2.原因分析

(1)片石、卵石砌体多采用交错组砌方式,但因片石、卵石块体是不规则的,故操作人员易忽视左右、上下、前后的交搭,砌缝未错开,尤其是在墙角处未改变砌法。

(2)施工间隙留槎不正确,未按规定留踏步形斜槎,而留马牙形直槎。

3.防治措施

加强石块的挑选工作,注意石块左右、上下、前后的交搭,必须将砌缝错开,禁止砌出任何重缝。在墙角部位,应改为丁顺叠砌或丁顺组砌,使用的石材也要改变。可在片石、卵石中选取较大,体形较方正、长直的块体,加以适当加工修整,或改用条石、块石,使其满足丁顺叠砌或组砌的需要。

1.2　砌石里外两层皮

1.现象

剖视截面,可发现砌体里外层互不连接,自成一体。这种石砌体承载能力差,稳定性不好,受到水平推力极易倾倒。此种现象在片石砌体中较多见。

2. 原因分析

(1)选料不当,片石体形过小,片石压搭过少,未设拉结石,造成横截面上下重缝。

(2)砌筑的方法不正确,采用过桥、填心、双合面砌法,极易造成砌体里外两层皮。此外,采用翻槎面、斧刃面、铲口面等砌法,也会造成砌体稳定性降低。这是几种不正确的砌法。

3. 防治措施

(1)要注意大小块石料搭配使用,立缝要小,要用小石块堵塞缝隙,避免只用大块石,而无小块石填空。禁止"四碰头",即平面上四块石料形成一个十字缝。

(2)砌筑时每皮石料要隔一定距离(1~1.5 m)丁砌一块拉结石,拉结石的长度应满墙且上下皮错开,形成梅花形,如墙过厚(40 cm以上)可用两块拉结石内外搭接,搭接长度不小于15 cm,且其中一块长度应大于砌体厚度的2/3。

(3)要认真按照砌石操作规程操作。对于块石、料石,可采用丁顺组砌(较厚砌体)和顺叠组砌(砌体厚度与石块厚度一致);对于片石,则多采用交错组砌方式。

1.3 砌石黏结不牢

1. 现象

砌体中的石块和砌筑砂浆有明显的分离现象,掀开石块有砂浆饱满度不够的现象,石块间有瞎缝(即石块直接接触),敲击砌体时可听到空洞声。砌体黏结不牢会造成砌体承载力不足,尤其是抗剪强度降低。

2. 原因分析

(1)砌体灰缝过大,砂浆收缩后与石料脱离形成空鼓。

(2)石料砌筑前未洒水,尤其是在高温干燥季节,易造成砂浆过早失水,影响砌体的整体作用,降低砌体强度。

(3)采用不适当的砌法,如采用铺石灌浆法,致使砂浆饱满度差;砌体的一次砌筑高度控制不严,造成一次砌筑过高、灰缝变形、石缝错动。

3. 防治措施

(1)严格按规程操作,保证砂浆饱满,石料上下错缝搭砌,控制砌缝宽和错缝长度。片石灰缝宽小于30 mm,块石灰缝宽小于20 mm,粗料石灰缝宽小于10 mm。

(2)砌石作业前适当洒水润湿,严格控制砌筑砂浆的稠度。

(3)控制砌体每日砌筑高度。卵石砌体每日砌筑高度不大于1 m,并应大致找平;片石砌体每日砌筑高度不大于1.2 m;料石砌体每日砌筑高度原则上不宜超过一步架高。

1.4　挡土墙墙体里外拉结不良

1. 现象

采用条石与片石组合砌,两外皮用条石砌筑,中间用片石填砌或全部用片石砌筑,中间投石填满。墙体里外拉结不良会使墙体形成三层皮,大大降低墙体的承载力。

2. 原因分析

(1)片石规格偏小,且未合理搭配,未采取先摆四角再砌三面周边石,其长为满墙宽或 2/3 墙宽。

(2)料石镶面时,采取同皮内丁顺相间的组合砌法;中间片石填砌时,片石必须与料石砌平,保证料石伸入片石的长度大于 20 cm。

3. 防治措施

为了保证石砌体的整体性,石砌体的转角处和内外墙交接处应同时砌筑,严禁没有可靠措施的内外墙分别砌筑施工。同时砌筑而又必须留置的砌体临时间断处应砌成斜槎,斜槎水平投影长度不应小于高度的 2/3。如果由于施工组织等原因不能留置斜槎,只能留置直槎,直槎应是凸槎,并按设计要求留设拉结钢筋。

1.5　泄水孔不通畅、泛水坡度不够

1. 现象

未留泄水孔,或泄水孔堵塞,或排水坡度不够,容易造成挡土墙内侧长期积水,导致墙体开裂、沉陷或倒塌。

2. 原因分析

(1)忽视挡土墙的细部做法,没有认真检查,造成忘留泄水孔或未及时清理泄水孔内的砂浆等杂物。

(2)墙体内侧未按规定做法设泛水坡度。

3. 防治措施

(1)砌筑时严格按设计要求收坡、收台并设泄水孔。

(2)加强检查,避免遗漏。

(3)施工后一定做到活完脚下清,保证排水通畅。

1.6　护坡卵石铺放不当

1. 现象

单层卵石护坡砌筑时,卵石长面与坡面不垂直,容易造成卵石护坡不牢固,极易产生护坡

滑塌坡坏。

2. 原因分析

砌单层卵石护坡时,操作人员只图方便,而错误地采用平砌方法操作,这种做法的害处是:随着护坡高度的增加,荷载的加大,卵石容易水平方向滑动,甚至被拱出。

3. 防治措施

应根据护坡厚度选用厚度相当的扁平状卵石,严禁采用双层叠砌,卵石表面应与坡面垂直,从护坡平面上看,同一层石块的大小应一致,应采取直立或人字形咬砌方法,使石块相互镶嵌紧密。

1.7 砌石护坡坡面平整度超标

1. 现象

片石或块石砌筑的桥台锥坡、路堤、调治构造物的护坡,坡面平整度超标,砌石有空洞、松脱,浆砌护坡勾缝开裂,因此造成护坡面易积水,降水、河水等易从坡面开裂、空洞处入侵,使得填土再固结,造成护坡沉陷,甚至发生冲刷损坏。

2. 原因分析

(1)锥坡、护坡的土基夯实不足,或路堤填筑、桥头引道时,压实宽度不足,造成修虚坡时,压实不足部分未修整掉,使锥坡、护坡的土基密实度不达标,砌石后发生不均匀沉陷。

(2)砌筑时未立样架、拉样线,造成砌筑面平整度超标。

(3)砌筑方法及顺序不得当,砌叠不牢,砌缝未错开,有通缝。

(4)砌体缝口不紧密,或坡脚未做基础,或未垫稳填实,在水流冲击下砌石脱落或坡脚松散被掏空,造成塌坡。

3. 防治措施

(1)护坡、锥坡的密实度必须保证达到90%,可在桥头引道及路堤填筑时,使压实宽度比设计宽度宽20 cm,然后修坡时将密实度不足的虚坡全部清除,也可将护坡修成高30 cm、宽1.0～1.5 cm的台阶,逐阶夯实至90%。

(2)护坡垫层(碎石、砾石或工业废渣)要铺平垫实。浆砌护坡、锥坡时,砌石灰浆要铺满,不得留有空隙,以免形成空洞。

(3)砌筑时,立样架,拉样线,每20 cm立一个样架。用水准仪找好设计标高,并在样架柱上的标志,然后按标志钉样板,砌筑时在样板上拉样线,按样线砌石料,以保证砌石护坡坡面平整度不超标。

(4)干砌时应根据样架,从坡脚开始自下而上进行砌筑。石块大小不一时,应将较大石块砌在下面,并采用交错混合组砌方法砌筑。护岸、护坡及锥坡要做到砌体缝口紧密,底部要垫稳填实;坡面顺直,无鼓心凹肚现象,不得二至多片石料重叠砌筑。

(5)干砌护坡,坡脚应有高50～100 cm,宽1 m以上的垫石护脚。浆砌时,铺浆饱满,灌浆充分,不留空隙。坡脚基础深 0.6~1.0 m,底宽 1.0~1.5 m。

(6)护坡、锥坡勾缝要密实,勾缝前须将灰缝刮深 2 m,浇水润湿,用勾缝砂浆补平,并划成粗糙面,待初凝后,抹上第二层砂浆(厚 1 cm),用宽 2 cm 的勾缝工具拉平,再用灰抹子压实抹光,勾缝后应及时潮湿养护,防止勾缝开裂、脱空。

任务 2　砌砖工程质量通病分析及预防

2.1　砖砌体强度低

1. 现象

砖砌体结构出现水平裂缝、竖向裂缝和斜向裂缝。

2. 原因分析

(1)砖强度等级达不到设计要求(进场的烧结砖强度低、酥散)。

(2)砂浆强度不合要求(水泥质量不合格、砂的含泥量大、砂浆配合比计量不准、砂浆搅拌不均匀)。

3. 防治措施

(1)进场水泥、砖等要有合格证明,并取样复检是否符合要求。

(2)砂子应满足材质要求,如使用含泥量超过规定的砂,必须增加搅拌时间,以除去砂子表面的泥土。

(3)砂浆的配合比应根据设计要求、砂浆种类、强度等级及所用的材质进行试配,在满足砂浆和易性的条件下控制砂浆的强度等级;砂浆应采用机械拌和,时间不得少于 1.5 min。

(4)白灰应使用经过熟化的白石灰膏。

2.2　砖砌体结合尺寸不符合设计要求

1. 现象

(1)墙身的厚度尺寸达不到设计要求。

(2)砌体 10 皮砖的水平灰缝厚度累计数不符合验评标准的规定。

(3)混凝土结构圈梁、构造柱、墙柱胀模。

2. 原因分析

(1)砖的几何尺寸不规格。

(2)对砖砌水平灰缝不进行控制。

（3）砌筑过程中挂线不准。

（4）混凝土模具强度低，导致浇筑后的混凝土结构胀模。

3. 防治措施

（1）同一单位工程宜使用同一厂家生产的砖。

（2）正确设置皮数杆，皮数杆间距一般为 15～20 m，转角处均应设置皮数杆。

（3）水平与竖向灰缝的砂浆均应饱满，其厚（宽）度应控制在 10 mm 左右。

（4）浇筑混凝土前，必须将模具支撑牢固；混凝土要分层浇筑，振动棒不可直接接触墙体。

2.3 砖砌体组砌方法不正确

1. 现象

砖柱砌筑成包心柱，里外皮砖层互不咬合，形成周边通天缝。混水墙面组砌方法混乱，出现通缝和"二层皮"，组砌形式不当，造成竖缝宽窄不均。

2. 原因分析

（1）底排砖放置不正确。

（2）由于是混水墙，就忽视组砌方法。

（3）砖柱砌筑没有按照皮数杆控制砌砖层数而造成砖墙错层。

3. 防治措施

（1）控制好摆砖搁底，在保证砌砖灰缝 8～10 mm 的前提下，考虑砖垛处、窗间墙、柱边缘处用砖的合理模数。

（2）对混水墙的砌筑，要加强操作人员的质量意识教育，操作人员砌筑时要认真操作，墙体中的砖缝搭接不得小于 1/4 砖长。

（3）半头砖要求分散砌筑，一砖或半砖厚墙体严禁使用半头砖。

（4）确定标高，立好皮数杆。第一层砖的标高必须控制好，与砖层必须吻合。

5）构造柱部位必须留马牙槎，要先退后进、上下顺直，且临时间断处留槎不得偏离轴线。

2.4 砖砌体水平或竖向灰缝砂浆饱满度不合格

1. 现象

砌体砂浆不密实饱满，水平灰缝饱满度低于规范和验评标准规定的 80%。

2. 原因分析

（1）砌筑砂浆的和易性差，直接影响砌体灰缝的密实和饱满度。

（2）干砖上墙，砌筑操作方法错误，不按"三一"（即一块砖、一铲灰、一揉挤）砌砖法砌。

（3）水平灰缝缩口太大。

3.防治措施

(1)改善砂浆的和易性,如果砂浆出现泌水现象,应及时调整砂浆的稠度,确保灰缝的砂浆饱满度和提高砌体的黏结强度。

(2)砌筑用的烧结普通砖必须提前 1 ~ 2 d 浇水湿润,含水率宜在 10% ~ 15% ,严防干砖上墙,使砌筑砂浆过早脱水而强度降低。

(3)砌筑时要采用"三一"砌砖法,严禁铺长灰而使底灰产生空穴和摆砖砌筑,造成灰浆不饱满。

(4)砌筑过程中要求铺满口灰,然后进行刮缝。

2.5　砖砌体的整体性和稳定性差

1.现象

(1)外墙转角处和楼梯间不同时砌筑;纵(横)墙交接处不留斜槎。

(2)每层承重墙的最上一皮砖以及梁和梁垫的下面用条砖。

(3)填充墙的顶层和梁板下部摆砌平砖。

(4)砖砌台阶的面上以及砖砌体的挑出层中用顺砖。

(5)拉结筋的放置、长度、数量不符合规定。

2.原因分析

(1)外墙转角处、楼梯间和纵(横)墙交接处留置直槎。

(2)承重墙最上一皮砖、梁和梁垫下面、砖砌台阶的水平面上以及砖砌体的挑出层(挑檐、腰线等),应用顺砖,否则当上部承受荷载作用后砌体易被拉开,使砌体失去稳定性。

(3)填充墙的顶部和梁、板的下面摆砌平砖,造成墙与梁、墙与板结合处成为活节点,这种砌法打灰不密实,导致填充墙稳定性和整体性差。

(4)拉结筋设置不准确,位置不对,长度、数量、弯钩的制作不符合施工规范规定。

3.防治措施

(1)砖砌体外墙转角处、楼梯间和纵(横)墙交接处应同时砌筑;若不能同时砌筑,在临时间断处应砌成斜槎,斜槎长度不应小于高度的 2/3。

(2)承重墙的最后一皮砖、梁和梁垫下面的砖、砖砌台阶的水平面上以及砌体的挑出层(挑檐、腰线)等部位,均应采用丁砖砌筑,以便受力后能保证砌体的稳定性。

(3)砖砌隔断墙和填充墙的顶部均应采用侧砖或立砖斜砌,并应挤紧,砂浆应饱满密实。

(4)拉结筋有承重墙拉结筋和非承重隔断墙拉结筋之分。后砌的非承重隔断墙应沿墙高每隔 500 mm 配置 2Φ6 拉结筋,每边伸入墙内不应小于 500 mm,其长度应从留槎处算起,末端应制成 90°弯钩。

2.6 砖砌体结构裂缝

1. 现象

(1)砖砌体填充墙与混凝土框架柱接触处产生竖向裂缝。

(2)底层窗台产生竖向裂缝。

(3)在错层砖砌体墙上出现水平或竖向裂缝。

(4)顶层墙体产生水平或斜向裂缝。

2. 原因分析

(1)砌体材料膨胀系数不同,受温度影响产生结构裂缝。

(2)由于窗间墙与窗台墙荷载的差异、窗间墙沉降、灰缝压缩不一,而在窗口边产生剪力,在窗台墙中间产生拉力。

(3)房屋两楼层标高不一时,由于屋面或楼板胀缩或其他因素,导致在楼层错层处出现竖向裂缝。

(4)顶层墙体因温度差产生变形;屋面、楼板设置伸缩缝而墙身未相应设置,导致墙体被拉裂产生斜向裂缝,或女儿墙根部产生水平向裂缝。

3. 防治措施

(1)对不同材料组成的墙应采取技术措施,混凝土框架与砖填充墙应采用钢丝网片连接加固。

(2)防止窗台产生竖向裂缝,应在窗台下砌体中配筋。

(3)应严格控制檐头处的保温层厚度,顶层砌体砌完后应及时做好隔热层,防止顶层梁板受日照因温差引起结构膨胀和收缩。

(4)女儿墙因结构层或保温层温差变化或冻融产生变形将女儿墙根推开而产生裂缝;在铺设结构层、保温层材料时,必须在结构层或保温层与女儿墙之间留设温度缝。

2.7 砖砌烟(气)道堵塞、串气

1. 现象

住宅工程厨房、卫生间烟(气)道的气排不出。

2. 原因分析

(1)因操作不当,砌筑砂浆、混凝土、砖块等杂物坠落到排烟(气)道中使其堵塞。

(2)烟(气)道内衬附管时,接口错位或接口处砂浆没有塞严,造成串烟和串气。

3. 防治措施

(1)砌筑附墙烟(气)道时,应使用烟道轴子防止砂浆、混凝土和碎砖坠落至烟道内。

(2)做烟道内衬时应边砌边抹内衬或做勾缝,确保烟(气)道的严密性。

(3)烟道附管应注意接口方法,承插应对齐、对中,承口周边的砂浆打口必须严密,组装管道应固定牢固。

(4)烟(气)道的顶部应设置烟(气)道盖板,以加强烟(气)道的稳定性。

2.8 砖砌墙体渗水

1. 现象

住宅围护墙体渗水,砖砌住宅窗台与墙节点处渗水,砖砌外墙透水。

2. 原因分析

(1)砌体的砌筑砂浆不饱满、灰缝有空缝,出现毛细通道,形成虹吸作用;室内装饰面的材质质地松散,易将毛细孔中的水分散开;饰面抹灰厚度不均匀,导致收水快慢不均,抹灰易产生裂缝和脱壳,分格条底灰不密实、有砂眼,造成墙身渗水。

(2)门窗口与墙连接处密封不严,窗口天盘未设鹰嘴和滴水线,室外窗台板未做顺水坡,导致发生倒水现象。

(3)后塞口窗框与墙体之间没有认真填塞和嵌抹密封膏,导致渗水。

(4)脚手眼及其他孔洞堵塞不严。

3. 防治措施

(1)组砌方法要正确,砂浆强度应符合设计要求,坚持采用"三一"砌砖法。

(2)对组砌中形成的空缝,应采用勾缝方法修整。

(3)饰面层应分层抹灰,分格条应初凝后取出,注意压灰要密实,严防有砂眼或龟裂。

(4)门窗口与墙体的缝隙,应采用加有麻刀的砂浆自下而上塞灰压紧(在寒冷地区应先填保温材料);勾灰缝时要压实,防止有砂眼和毛细孔而导致虹吸作用;若为铝合金和塑料窗,应填保温材料。

(5)门窗的天盘应设置鹰嘴和滴水线。

(6)脚手眼及其他孔洞,应用原设计的砌体材料按砌筑要求堵实。

2.9 砖砌体组砌混乱

1. 现象

混水砖墙组砌混乱,出现直缝和"二层皮",砖柱采用包心砌法,里外皮砖互不咬合,形成周围通天缝,降低了砌体的强度和整体性。清水砖墙的规格尺寸误差对墙面影响较大,如组砌形式不当,则形成的竖缝宽窄不均,影响美观。

2. 原因分析

(1)混水砖墙要抹面,操作工容易忽视组砌形式,因此,出现多层砖的直缝和"二层皮"现象。

(2)为了少用七分头砖,对三七砖柱习惯采用包心砌法。

3.防治措施

(1)使操作工了解砖墙组砌方式不单纯是为了清水墙美观,同时也为了满足传递荷载的需要,因此,不论是清水墙还是混水墙,墙体中砖缝搭接不得少于1/4砖长;内外皮砖层最多隔五层就应有一丁砖拉结(五顺一丁),允许利用半砖头,但应满足1/4砖长的搭接要求,半砖头应分散砌于混水墙中。

(2)砖柱的组砌方法应根据砖柱断面和实际情况统一考虑,但不得采用包心砌法。

(3)砖柱横、竖向灰缝的砂浆必须饱满,每砌完一层砖,都要进行一次竖缝刮浆塞缝工作,以提高砌体强度。

(4)砌体的组砌形式应根据所砌部位的受力性质和砖的规格尺寸误差而定。

2.10 砖缝砂浆不饱满

1.现象

砖层水平灰缝砂浆饱满度低于80%,或者竖缝内无砂浆;砌筑清水砖墙采取大缩口铺灰,缩口缝深度大于20 mm,影响砂浆饱满度。

2.原因分析

(1)砂浆和易性差,砌筑时挤浆费劲,使底灰产生孔穴,砂浆层不饱满。

(2)铺灰过长,砌筑速度跟不上,砂浆中的水分被底砖吸收,使砌上的砖层与砂浆失去黏结。

(3)干砖上墙,使砂浆早期脱水而降低标号。

3.防治措施

(1)改善砂浆和易性是确保灰缝砂浆饱满和提高黏结强度的关键。

(2)改进砌筑方法并推广"三一"砌砖法。

(3)严禁干砖上墙,冬季施工时(白天在0 ℃以上)应将砖面适当湿润后再砌筑。

2.11 配筋砖砌体钢筋遗漏和锈蚀

1.现象

配筋砌体(水平配筋)中漏放钢筋,或没有按照设计规定放置。配筋砖缝中砂浆不饱满,年久钢筋严重锈蚀而失去作用,使配筋砌体强度大幅度地降低。

2.原因分析

(1)操作时疏忽造成。

(2)配筋砌体灰缝厚度不够,特别是当同条灰缝中,有的部位(如窗间墙)有配筋,有的部位无配筋时,皮数杆灰缝若按无配筋砌体画制,造成配筋部位灰缝厚度偏小而使钢筋在灰缝中没有保护层,或局部未被砂浆包裹,使钢筋锈蚀。

3. 防治措施

(1)砌体中的钢筋与混凝土中的钢筋一样,都属于隐蔽工程项目,应加强检查,并填写检查记录存档。

(2)钢筋宜采用冷拔钢丝点焊网片,砌筑时,应适当增加灰缝厚度(以钢筋网片上下各有2 mm保护层为宜);如同一标高墙面有配筋和无配筋两种情况,可分画两种皮数杆。

(3)为了确保砖缝中钢筋保护层的质量,应先将钢筋刷水泥浆;网片放置前,底面砖层的纵横竖缝应用砂浆填实,以增强砌体强度,同时也能防止铺灰砌筑时砂浆掉入竖缝而出现露筋现象。

任务 3　砌块工程质量通病分析及预防

3.1　毛石砌块墙里外两层

1. 现象

剖视截面,可发现砌块里外层互不连接,自成一体。这种毛石砌块承载能力差,稳定性不好,受到水平推力极易倾倒。

2. 原因分析

(1)选料不当,每皮石块压搭过小。

(2)未设拉结石。

(3)砌筑方法不正确。

3. 防治措施

(1)大小石块搭配使用;立缝要小;坚持每隔 1～1.5 m 丁砌一块满墙拉结石,上下皮错开。

(2)墙厚在 40 cm 以上时,用两块拉结石内外搭接,搭接长度不小于 150 mm,拉结石长度应大于墙厚的 2/3。

(3)采用铺浆法砌筑,每砌一块石上下、左右应垫靠,前后石块有交搭,砌缝要错开,排石应稳固,严禁采用平面呈十字缝的"四块石块碰头砌法"。

3.2　砌块外墙透水

1. 现象

砌块砌筑的外围护墙体或者承重墙表面出现渗水现象。

2.原因分析

(1)砌块本身存在不同程度的表面膨胀、松软、分层、灰团、空洞、爆裂和贯穿面棱的裂缝等缺陷,雨水从砌块内渗入。

(2)砌后打凿,损伤砌块。

3.防治措施

(1)进场砌块应严格进行外观质量检查,产品不合格不准使用。

(2)砂浆应机拌,和易性和保水性要好。

(3)砌筑铺灰长度控制:实体砌块为 3~5 m。

(4)水平、竖直灰缝的厚度:中型砌块 15~20 mm,小型砌块 8~12 mm。

(5)预埋件应在砌筑时埋入,砌后不允许在墙上开槽、凿洞。

3.3　砌块墙体裂缝

1.现象

砌块建筑物或者构筑物的圈梁底墙体有水平裂缝,内墙横、纵墙尽端有阶梯形裂缝,竖缝和窗台底下有竖向裂缝。

2.原因分析

(1)砂浆强度低,黏结力差。

(2)砌块表面有浮灰等污物没有处理干净,影响砂浆与砌体之间的黏结。

(3)砌块未到养护期,砌块体积收缩没有停止就砌筑,产生收缩裂缝。

(4)砌块就位校正后,碰动、撬动使周边产生裂缝。

(5)砌筑时铺灰过长,砂浆失水后黏结差。

(6)砌块排列不合理,上下两皮竖缝搭接长度小于砌块高的 1/3 或 150 mm,也没在水平灰缝中按设计要求设置拉结钢筋或钢筋网片。

3.防治措施

(1)配制砂浆的原材料必须符合要求,有良好的和易性和保水性,砂浆稠度应控制在 5~7 mm,施工配合比必须准确,保证砂浆强度达到设计要求。

(2)砌筑用砌块必须存放 30 d 以上,待砌块收缩基本稳定后再使用。

(3)砌筑前应清除砌筑面污物,保持砌块湿润。

(4)纵横墙相交处,按砌块模数一般每隔两皮加一道水平拉结筋或钢筋网片。

3.4　砌块灰缝不饱满

1.现象

砌块墙体水平缝砂浆疏松、不饱满,或者竖缝有空心缝。

2.原因分析

(1)砂浆用砂偏细,砂浆的施工配合比不准,和易性、保水性差。

(2)砌块砌筑前浇水量不足,湿润程度不够。

(3)竖缝过小或灌缝不实,形成空心缝。

(4)砌筑时铺灰过长,砂浆失水后松散。

3.防治措施

(1)配制砂浆不宜选用细砂或含泥量过高的砂,配合比计算应准确,一般稠度控制在50～70 mm,砂浆应有良好的和易性,随拌随用,不准用隔夜砂浆,水泥砂浆应在初凝前用完,混合砂浆在4 h内用完。

(2)混凝土空心砌块不宜过多浇水,但是粉煤灰硅酸盐密实砌块在砌筑前1～2 d要浇水或浸水充分湿润,按气候情况控制好砌块湿度,砌筑时应保证有合适的湿度。

(3)灰缝应均匀,一般中型砌块灰缝为15～20 mm,小型砌块灰缝为10～12 mm。

3.5　地基不均匀下沉引起砌块墙体裂缝

1.现象

(1)斜裂缝一般发生在纵墙两端。

(2)通过窗口的两个对角,裂缝向沉降较大的方向倾斜,并由下向上发展。

(3)窗间墙水平裂缝一般在窗间墙的上下对角线成对出现,沉降大的一边裂缝在下,沉降小的一边裂缝在上。

(4)竖向裂缝发生在纵墙中央、顶部和底层窗台处,裂缝上宽下窄,当顶层有钢筋混凝土圈梁时,顶层中央顶部竖直裂缝较少。

2.原因分析

(1)斜裂缝主要发生在软土地基上,地基不均匀下沉使墙体承受较大的剪切力,当结构刚度较差,施工质量和材料强度不能满足要求时,导致墙体开裂。

(2)窗间墙水平裂缝产生的原因是沉降单元上部受阻力,使窗间墙受到较大的水平剪力,而产生上下位置的水平裂缝。

(3)房屋底层窗台下产生竖向裂缝是由于窗间墙承受荷载后窗台墙起着反梁作用,特别是较宽的窗口或窗间墙承受较大集中荷载的情况下(如礼堂、厂房等工程,窗台墙因反向变形过大而开裂;另外,地基建在冻土层上,由于冻胀作用而在窗台处产生裂缝)。

3.防治措施

(1)凡不同荷载(高差悬殊)、长度过大、平面形状较为复杂,同一建筑物地基处理方法不同和有部分地下室的房屋,都应设置沉降缝使其各自沉降,以减少或防止裂缝产生,沉降缝应有足够宽度;操作中应防止浇筑圈梁时将断开处浇筑在一起,或砖头、砂浆等杂物落入缝内,以免房屋不能自由沉降而发生墙体拉裂现象。

（2）加强上部结构的刚度，提高墙体抗剪强度，这样可以适当调整地基的不均匀沉降；操作中严格执行规范规定，如砖浇水湿润、改善砂浆和易性、提高砂浆饱满度和砖层间的黏结；当留直槎时应加拉结筋，坚决消灭阴槎又无拉结筋的做法。

（3）宽大窗口下面考虑用混凝土梁或砌反砖，以适应窗台反梁作用的变形，防止窗台处产生竖直裂缝；为了避免多层房屋底层窗台下出现裂缝，除了加强基础整体性外，也可以采取通长配筋的方法；另外，窗台部位不宜过多地用半砖砌筑。

3.6 温度变化引起砌块墙体裂缝

1. 现象

（1）八字裂缝主要出现在顶层纵横墙两端（一般在 1~2 开间的范围内），严重时可发展至房屋 1/3 长度内。

（2）水平裂缝一般发生在平屋顶屋檐下或顶层圈梁 2~3 皮砖的灰缝位置，裂缝一般沿外墙顶部继续发展，两端较中间严重，在转角处，纵、横墙水平裂缝相交而形成包角裂缝。

2. 原因分析

（1）夏季，屋顶圈梁、挑檐混凝土浇筑后，在保温层未施工前，由于混凝土与砖砌体两种材料的线膨胀系数不同而产生八字裂缝。

（2）檐口下水平裂缝、包角裂缝以及在较长的多层房屋楼梯间处的竖直裂缝，其产生原因与（1）相同。

3. 防治措施

（1）合理安排屋面保温层施工。

（2）屋面施工尽量避开高温季节。

（3）屋面挑檐可分块预制或留置伸缩缝，以减少混凝土伸缩对墙体的影响。

3.7 砌块结构其他裂缝

1. 现象

（1）在较长的多层房屋楼梯间处，楼梯休息平台与楼板邻接部位产生竖直裂缝。

（2）大梁底部的墙体（窗间墙）产生局部竖直裂缝。

2. 原因分析

（1）由于混凝土和砖砌体两种材料的线膨胀系数不同，混凝土的线膨胀系数比砖砌体的线膨胀系数约大一倍，因此较大的温差变化会引起墙体裂缝。

（2）大梁下面墙体局部产生竖直裂缝，主要是由于未设梁垫或梁垫面积不足，砖墙局部承受荷载过大。

（3）砖和砂浆标号偏低及施工质量差。

3.防治措施

(1)合理设置沉降缝,沉降缝应有足够宽度。

(2)有大梁集中荷载作用的窗间墙应有一定的宽度(或加垛),梁下设置足够面积的混凝土梁垫,当大梁荷载较大时,墙体尚应考虑横向配筋;对宽度较小的窗间墙,施工中应避免留脚手眼。

(3)有些墙体裂缝具有地区特点,应会同设计与施工部门,结合本地区气候、环境、结构形式和施工方法等,进行综合调查分析,然后采取措施加以解决。

本章习题

一、选择题

1.每皮石料砌筑时要隔一定距离(　　)砌一块拉结石,拉结石的长度应满墙且上下皮错开,形成梅花形。

A. 顺　　　　　B.眠　　　　　C.丁　　　　　D.斗　　　　　E.随意

2.砌石作业前应适当洒水湿润,严格控制砌筑砂浆的(　　)。

A. 稠度　　　　B. 坍落度　　　C. 和易性　　　D. 流动性　　　E. 均匀性

3.卵石砌体每日砌筑不大于(　　)m,并应大致找平。

A.1　　　　　B.3　　　　　C.2　　　　　D.4　　　　　E.5

4.砌体临时间断处应砌成斜槎,斜槎水平投影长度不应小于高度的(　　)。

A.1/3　　　　B.3/4　　　　C.2/3　　　　D.4/5　　　　E.5/6

5.砖砌体砂浆要求密实、饱满,水平灰缝饱满度不得低于规范和验评标准规定的(　　)。

A.90%　　　　B.75%　　　　C.80%　　　　D.70%　　　　E.100%

6.砌筑用的烧结普通砖必须提前(　　)浇水湿润,含水率宜在10%～15%,严防干砖上墙使砌筑砂浆早期脱水而强度降低。

A.1～2 d　　　B.2～3 d　　　C.3～4 d　　　D.4～5 d　　　E.10 d

7.不论是清水墙还是混水墙,墙体中砖缝搭接不得少于(　　)砖长。

A.1/3　　　　B.3/4　　　　C.2/3　　　　D.1/4　　　　E.5/6

8.内外皮砖层最多隔(　　)层就应有一丁砖拉结。

A.1　　　　　B.3　　　　　C.2　　　　　D.4　　　　　E.5

9.砌筑用砌块必须存放(　　)以上,待砌块收缩基本稳定后再使用。

A.10 d　　　　B.30 d　　　　C.20 d　　　　D.40 d　　　　E.50 d

10.窗间墙水平裂缝产生的原因是沉降单元上部受阻力,使窗间墙受到较大的(　　),而产生上下位置的水平裂缝。

A.水平剪力　　B.压力　　　　C.弯矩　　　　D.重力　　　　E.扭矩

二、简答题

1.砌石结构有通缝的原因是什么? 其防治措施是什么?

2.砌石黏结不牢的现象是什么?

3. 试分析挡土墙墙体里外拉结不良的原因。

4. 试分析护坡卵石铺放不当的原因。

5. 砖砌体强度低的原因及防治措施是什么？

6. "三一"砌砖法是指什么？

7. 砖墙拉结筋设置的具体要求是什么？

8. 请简述砌体墙裂缝的产生原因及防治措施。

9. 砖墙灰缝不饱满的现象是什么？

10. 试分析砖墙温度裂缝产生的原因及防治措施。

学习情境 5 钢结构工程质量通病分析及预防

任务 1 钢结构拼装工程质量通病分析及预防

钢结构拼装连接包括焊接、铆接和螺栓连接,现将各拼装连接方式的质量通病的现象、产生原因、防治措施及治理方法,简单说明如下。

1.1 焊接质量通病

1.1.1 焊接常见的质量通病

外观质量通病:可观察或用量具、放大镜发现,如焊缝外形尺寸不符合标准要求、飞溅、咬边、焊瘤、弧坑、气孔、熔穿和裂缝等。

内部质量通病:焊缝内部质量通病必须用无损探伤检测或破坏性试验才能发现,如未焊透、夹渣、气孔和裂缝等。

内外裂缝属于恶性质量通病,一般称为焊接质量事故。

焊接质量通病严重影响结构的连接强度、安全和使用功能。如果缺陷未被发现,将会导致发生突然性的重大破坏性事故。因此,结构焊缝必须认真进行检验,当发现内外质量通病时,不要急于盲目处理,应分析确定产生的原因,并制定处理方案,按方案要求予以处理。否则,对一些严重的恶性通病,如处理措施不当,不但得不到处理效果,反而会造成继发性严重后果。

焊缝质量通病的现象、产生原因、防治措施和治理方法见表 5.1。

表5.1　焊缝质量通病

通病名称	现象	产生原因	防治措施	治理方法
焊缝外形尺寸不符合要求	(1)焊缝高度过高和过低 (2)焊缝宽度过宽 (3)焊缝两侧母材表面不平(错边)	(1)制定与选用焊接规范不合理 (2)坡口加工及其截面边缘不直 (3)组对时对缝处中心两侧不平 (4)焊接坡口角度与施焊和焊条角度不当	(1)制定与选择焊接规范应合理 (2)用正确的坡口角度和提高边缘的直度 (3)焊缝高度提高焊工操作技术水平 (4)提高拼装质量	(1)焊缝高度过高应修磨处理 (2)焊缝高度过低按工艺补焊 (3)错边量超过规范规定量应处理并重焊
飞溅	在焊缝及其附近产生(金属颗粒物)： (1)一般性飞溅 (2)严重熔合性飞溅	(1)焊接环境潮湿 (2)焊条潮湿未烘干 (3)焊接电流和线能量都太大 (4)焊接电弧太长	(1)注意改善焊接环境 (2)焊条应按保管要求妥善保管,按烘干的规定烘干和使用 (3)制定切实可行的焊接规范或施焊法,确定适宜的电流及线能量 (4)焊接电弧不应太长,宜采用压弧稳定焊	(1)一般性飞溅可用工具清除 (2)严重熔合性飞溅应用锉刀、砂轮磨除(且不得损伤母材)
咬边(或称咬肉)	(1)焊缝两侧边缘母材被电弧熔化 (2)熔化后未得到熔化金属的填充而形成凹陷的缺点	(1)焊接电流太大 (2)焊接电弧太长 (3)焊条摆动或运条速度不当 (4)施焊(焊条)角度不正确	(1)调整及选用适当的焊接电流 (2)缩短电弧长度用压弧焊 (3)改变运条方式和速度 (4)确定正确的施焊角度	(1)一般结构焊接咬边深度小于0.5 mm或打磨处理 (2)咬边深度大于0.5 mm经打磨后补焊 (3)重要结构不允许咬边

续表

通病名称	现象	产生原因	防治措施	治理方法
焊瘤	(1)焊缝上存在凸起的金属(病瘤) (2)焊缝中部或侧面及边缘上未熔化的堆形积物	(1)焊接电流太小,熔化温度较低 (2)运条速度太快 (3)焊工操作技术不熟练 (4)电弧过长	(1)合理选择与调整适宜的焊接电流 (2)改变运条方式和正确的电弧长度 (3)提高焊工技术水平 (4)注意立、仰焊缝易产生焊瘤,有条件时应采用平焊或自动焊	(1)普通碳素结构钢应铲除重焊 (2)低合金或脆裂敏感的结构钢应按其焊接工艺处理和补焊
焊穿 (或称烧穿)	(1)在焊缝上存在穿透性孔洞,熔化金属向下流 (2)焊穿一般在较薄的焊件或组对间隙过大的情况下产生	(1)焊接电流过大 (2)焊接速度过慢 (3)焊弧长度不适当 (4)坡口钝边厚度大小 (5)拼缝间隙过大	(1)确定合理的焊接电流 (2)改变焊接速度和运条方式(宜采用压弧断续焊) (3)采用适当的焊弧长度 (4)不同焊接坡口应按标准进行加工 (5)提高组对工艺,强化交接验收制度	(1)焊缝焊穿在任何结构中都不允许存在,必须按焊接工艺修补 (2)重要结构同一位置补焊次数不得超过两次
弧坑	(1)在焊缝上存在未填满金属的凹陷锅底形弧坑 (2)弧坑一般在每根焊条熔化终了或焊缝尽端收熄弧和初焊起弧时易产生	(1)焊工操作技术不熟练 (2)运条不合理,收熄弧或起弧速度太快、时间较短 (3)焊弧长度过长	(1)提高焊工技术水平 (2)手工焊时,在收熄弧前应停止运条,填满熔池后略停片刻,向回带动作 (3)自动、半自动焊应具有先停车、后进丝的自控设施 (4)每根焊条熔化终了应在低焊弧处 (5)重要结构焊接应设引入、引出弧板	(1)对普通碳素钢补焊时,可将坑处表面处理后补焊 (2)低合金结构钢补焊前应经预热、焊后缓冷或保温处理

通病名称	现象	产生原因	防治措施	治理方法
气孔	(1)在焊缝内外存在大小、形状不同的气孔 (2)分布情况:集中、密集排列,分散零星排列和单独存在	(1)焊接环境潮湿,温度较高 (2)焊条受潮或未按焊条烘干要求使用 (3)焊缝处存在油、锈、水分等杂物,未经清理或清理不干净 (4)焊接电流太小 (5)焊工技术水平低、运条不合理 (6)焊条芯或焊丝锈蚀 (7)药皮变质、厚度不均匀或偏心,失去保护作用 (8)焊时混入空气	(1)注意保护焊接环境和检测潮湿度及预防保护措施 (2)焊缝接口处在焊接前彻底清理干净 (3)制定与选择合理的焊接规范 (4)提高焊工操作水平,坚持持证上岗施焊 (5)焊条、焊剂、焊丝质量符合标准 (6)按时检验焊接材料有效期和保管条件,执行烘干、使用制度	按结构连接强度等级要求,凡是不符合规定的气孔,均应处理后补焊或重焊
夹渣	焊缝中夹角焊接的熔渣或非金属夹杂物	(1)焊前没有清理对缝处的杂物 (2)多层焊时,各焊层的熔渣清理不干净 (3)坡口角度太小,坡口钝边太厚或组对间隙过小 (4)焊接电流太小 (5)焊工操作不熟练,运条方式不正确,焊渣与熔液混合分辨不清,未排除	(1)焊接前彻底清理对缝处的杂物 (2)多层焊时各层的熔渣处理干净后继续施焊 (3)坡口的尺寸、角度应按标准要求加工;提高组对质量,保证焊接要求 (4)合理选择电流强度和焊弧的长度 (5)焊工运条应合理,当熔化金属与焊渣混合时,应接长电弧使焊渣由金属溶液中浮出,将其排出	根据夹渣深度,铲(凿)除后补焊或重焊

注:(1)表内通病名称中的焊缝外形尺寸的焊缝高度(余高),理想要求应与母材平面高度相同,但实际操作时达不到,故焊接标准规定如下。

①平焊缝余高:手工焊、半自动焊为 0～3 mm,其他位置 0～4 mm;自动焊为 0～4 mm,其他位置为 0～

3 mm；

②焊缝宽度：手工焊、半自动焊，应比坡口每侧增高 0.5 ~ 2.5 mm，自动焊比坡口每侧增宽 2 ~ 4 mm；

（2）焊缝及其周围存在严重性熔合飞溅，虽是一般性通病问题，但在重要的结构中是不允许的。产生严重的熔合性飞溅时，说明施焊中的焊接能量过大，由此造成焊区温度过高，接头韧性降低。

1.1.2 焊接的恶性质量通病

焊接的恶性质量通病是指焊接焊缝发生未焊透和裂缝的危险缺陷，其严重地削弱和降低焊接接头的强度性能，又导致应力集中，造成结构破坏，在重要的受力结构焊缝中不允许存在。未焊透、裂缝的现象、产生原因、防治措施及治理方法分述如下。

1. 未焊透

1）现象

未焊透是指焊缝金属与被焊母材之间或焊缝金属的局部未熔合，形成脱离的现象。

2）原因分析

（1）焊接电流太小，熔化温度太低。

（2）焊前对接处及边缘的铁锈、油污、氧化皮等杂物清理不干净。

（3）厚度较大的焊件在多层施焊时，各焊层间的熔渣清理不干净。

（4）组对的间隙和钝边的厚度、坡口的角度都太小。

（5）第一遍焊或各层间焊，选择的焊条直径过大，熔化渗透深度较浅。

（6）焊工操作不熟练，运条摆动和焊速都太快，母材与熔化金属均未熔合就越过。

（7）施焊的角度不正确，使电弧偏吹，形成焊缝两侧受热不均。

（8）焊接电弧过长，表面觉得吹焊程度较好，实际易形成表面被药皮覆盖、虚焊。

（9）双面焊接时，另一面未经清理就施焊，加上焊速过快，使熔敷金属覆盖表面，内部悬空而形成假焊，实际未被熔合。

3）防治措施

（1）焊前应将接缝处及母材边缘的锈蚀、污物等彻底清理干净。

（2）应符合自动或半自动焊的标准规定。

（3）应按施焊规范要求，进行组对和交接验收。

（4）制定适宜的焊接规范及焊接参数。

（5）对厚度较大的焊件，在施焊时，应尽量选用较大的焊接电流，适当控制和调整焊速和运条方法，以保证焊条与母材两侧金属都正常地充分熔化和熔合。

4）治理方法

未焊透的原因确定后，按防治措施的要求，将未焊透处处理后，结合焊件的钢种、材质特性，按焊接规范和标准等要求进行重焊。

2. 裂缝

1）现象

焊接裂缝是指在施焊的加热途中或焊接终了冷却后，在焊缝接头区域的局部金属产生热裂缝、冷裂缝和延迟性裂缝。根据裂缝的大小,其可分为宏观裂缝、微观裂缝两种。其中外部宏观裂缝可用肉眼或低倍放大镜观察到,外部微观裂缝可用显微镜观察到,内部裂缝用无损探伤检测。按裂缝的分布,裂缝分为焊缝金属内部裂缝、根部裂缝、层间裂缝和热影响区域裂缝等。

焊接裂缝是钢结构或其他金属结构最危险的(通病)缺陷,除了严重影响结构强度外,还会使应力高度集中,由此会引起裂缝不断发展扩大,导致整个结构破坏。焊接的钢结构和其他结构,凡出现裂缝时,一律属于不合格产品。一旦发现有裂缝,应该仔细进行分析,找出产生的原因,查明裂缝所在的位置、长度、宽度和深度后,彻底予以清除和焊接治理。

2)原因分析及防治措施

热裂缝和冷裂缝的主要产生原因:在焊接过程中表5.1中的主要缺陷及通病积累集中,焊件母材、焊接材料的化学成分、机械性能、焊接工艺、操作环境温湿度、组对方法以及焊接过程的加热、冷却过程的金属晶间结构变化,内外应力等综合因素。现将热裂缝和冷裂缝的产生原因、防治措施及治理方法分述如下。

Ⅰ.热裂缝产生原因

热裂缝在低合金高强度钢、高合金钢特别是奥氏体不锈钢等焊接时经常发生,但在低碳钢焊接时比较少见。热裂缝是在高温下产生的,多见于焊缝本身、根部及弧坑中,有时也出现在熔合区。

产生热裂缝的主要原因:在焊缝凝固过程中,有液态的低熔点共晶体杂质存在,其在晶界处聚集,最后凝固,此时的晶界强度很低,在外力和金属冷却收缩所产生的焊接应力作用下,有可能沿晶界裂开,形成不规则锯齿形的热裂缝。

焊接接头中形成热裂缝的倾向主要取决于焊缝金属的化学成分、接头形式、焊接方法、焊接规范、焊缝断面形状和焊件的刚性等。

Ⅱ.热裂缝防治措施

(1)选择合适的焊接材料,调整焊缝金属的化学成分,以控制低熔点共晶体杂质的有害影响,如限制焊缝内硫、磷、碳、硅等的含量。

(2)改善焊缝金属的组织,适当增加锰、钒、钛、铌、钼、铝等,以细化晶粒,提高焊缝的机械性能和抗热裂能力。

(3)控制焊接规范,采用适宜的焊接电流和焊接速度,同时,尽量降低焊材、母材的强度差,以避免在焊缝及受热区域开裂。

(4)焊前进行预热,降低焊缝的冷却速度,使焊件受热均匀,以减小焊接应力。

(5)焊接过程中,起焊时用引入弧板,收熄弧时用引出弧板。同时不要突然熄弧,熄弧时要填满弧坑,以避免产生弧坑裂缝。

(6)选择合理的结构形式、接头形式和组装焊接顺序,使各条焊缝有自由收缩的可能,降低焊接接头刚性拘束条件,减小焊接应力,避免产生热裂缝。

(7)焊工在焊接平台上或其他处焊接时,除应注意控制焊接环境和温度外,更主要的是在焊接过程中,不允许其他工种或外力在施焊场所进行操作和振动,以防焊接金属在凝固结晶过程中强度较低,一旦被外力及焊接金属内应力作用会产生热裂缝。

Ⅱ.冷裂缝产生原因

冷裂缝在普通低合金钢、中碳钢、高碳钢等易淬火钢种焊接时容易产生,在低碳钢焊接中较少产生。

焊接接头中的冷裂缝,有的产生在焊缝金属中,有的产生在热影响区,是属于呈五分叉的纯断裂,通常是在冷却过程中的定型晶体内产生裂缝或晶间裂缝。

冷裂缝有的在冷却后出现,有的延迟几小时、几天或更长的时间后才产生,这种冷裂缝又称延迟性裂缝。延迟性裂缝比一般裂缝具有更大的危险性,困难在于焊后检查时没发现,过一段时间后却产生裂缝,因此,会造成突然性重大事故。

为能够及时发现延迟性裂缝,避免突发重大事故,施工单位、建设使用单位应在施工和使用过程中经常注意观察和检测。

产生冷裂缝的主要原因:

(1)初焊的钢材未经可焊性试验就施焊;

(2)没有注意焊接环境的检测及防护措施,不满足焊接条件;

(3)冷却过快,在焊缝和热影响区中产生了淬硬组织;

(4)焊接接头中残存着较大的焊接应力;

(5)由于焊前清理不净、焊接材料未烘干等造成焊缝中含氢量增多,使接头脆化,造成冷裂缝。

Ⅳ.冷裂缝防治措施

(1)对新钢种或初次焊的结构材料,焊前应做可焊性试验,以掌握其焊接性能,并制定可行的焊接规范,方可进入正常施焊。

(2)焊接前应加强对施焊环境的检测,凡属于焊接规范规定的禁焊环境,如风、雨、雪和最低温度等,未有防护措施,均不得施焊。

(3)焊接时,应按焊接材料使用及选择要求,合理选用焊接材料。

(4)应合理选择材料及结构形式,尽量避免在同一焊接处采用异钢种、不等厚材料等,以防存在悬殊的强度差,在焊接时产生过大的应力。

(5)组对时应按施工规范要求进行,避免用较大的外力强行组对归位,以防存在过大的约束应力和焊接应力。

(6)烘干焊条,清理坡口,尽量减少焊缝中的含氢量。

(7)选用适当的焊接规范。采用焊前预热、控制焊接时的层间温度,进行后热、焊后缓冷或立即进行热处理等措施,来减慢接头的冷却速度,以减少淬硬组织的产生,降低焊接应力和促使焊缝中的氢扩散逸出。

3)治理方法

焊缝产生内外裂缝时,应视裂缝程度及其所在部位,经检测确定后,采用相应的补焊措施进行修补。任何焊接裂缝在返修前必须查明原因,返修工作需要焊接资质等级较高、焊接操作技术过硬的焊工来担任。

焊接裂缝的返修一般应按以下要求进行。

(1)焊缝表面裂缝的深度不超过 0.5 mm 时,可采用打磨处理,打磨时不允许损伤母材,打磨焊缝应与母材平滑整齐过渡,母材与焊缝加强高度之间不得出现突变和阶梯等畸形。

(2)焊缝及受热区域母材表面深度超过 0.5 mm 和焊缝内部任何的裂缝,均需处理后补焊,如补焊效果不佳或裂缝严重,须将原焊缝切除,采用同质、同规格材料重新焊接。

3. 再热裂缝及其防治措施

再热裂缝是指在已焊的焊缝上进行焊接返修或热处理加热时产生的裂缝。这种裂缝一般发生在低合金结构钢和高合金结构钢的焊缝及热影响区中。再热裂缝的产生原因:焊接时热影响区被加热到 1 200 ℃以上,金属中晶界内的硫和钒、铜等碳化物重新被析出,强化了晶相组织内部,但晶界却被相对地削弱。在预热、焊接或焊后消除应力热处理过程中,金属中的局部塑性变形就集中在晶界上发生,当这个变形量超过熔合线附近金属的塑性变形能力时,就产生再热裂缝。因此,焊缝裂缝采用焊接反修时,为防止焊接加热(含焊前预热、焊接加热)或焊后热处理的加热产生再热裂缝,除应采取上述焊接裂缝的各项防治措施外,还应做好以下预防措施。

(1)提高预热温度,并在焊后缓冷。

(2)控制母材和焊缝的化学成分,适当调整铬、铜、钒等对再热裂缝较敏感的元素含量。

(3)选择抗再热裂缝能力强的焊条,如采用在回火温度下强度较低、塑性较好的焊条,以使焊接应力在焊缝中得到松弛释放,避免在热影响区产生再热裂缝。

(4)改进结构形式、接头形式,减少刚性,避免应力集中,焊后打磨焊缝呈平滑过渡。

(5)合理选择消除应力的焊接电流、预热和热处理温度,适当减慢加热、冷却速度,以减少温差应力。

1.2 螺栓连接质量通病

螺栓连接常见的质量通病有螺栓拧紧强度、防松和检查验收不符合设计、施工规范的要求等。

1.2.1 普通螺栓连接质量通病

1. 现象

(1)拧紧程度不一。

(2)同厚度连接件螺杆露出螺母的长度不均。

(3)任意采用气焊或电焊扩孔。

2. 原因分析

操作人员认为普通螺栓应用于一般非承重结构,施工时任意放宽要求。具体表现在以下几个方面。

(1)连接件变形不作矫正,使其存在间隙,施拧程序和使用工具不符合要求,扭力大小不统一,造成承力程度不一。

(2)未按设计要求的长度使用螺栓或不同长度的螺栓混合使用,拧紧程度不统一,造成同一厚度连接件螺杆露出螺母的长度不均。

（3）未按规范要求钻孔,螺杆直径与孔径配合公差和钻孔的质量不符合规定,造成孔径、同心度等不符要求,又错误地用气焊或电焊扩孔。

3.防治措施

（1）拼装或安装前,应对连接件产生的变形超差进行矫正;拧紧螺栓,按正确的程序依次由中间向外侧对称进行;使用的紧固工具应与螺栓的规格一致。严禁两人合力或用套管加大臂长拧紧,这样做容易使其受力不均或超拧,产生疲劳应力。

（2）构件连接用螺栓的长度应符合设计要求,不得任意改变长度,如螺栓掺混应按设计要求的品种、规格挑选使用,以消除同厚度连接件螺杆伸出螺母外的长度不均。

（3）当叠合连接件的螺栓孔位或同心度发生偏差时,应采用过孔冲或扩孔调整和焊补后重新钻孔的方法处理,严禁采用气焊或电焊扩孔。

1.2.2 高强螺栓紧固后的扭矩值不符合规范要求

1.现象

高强螺栓紧固后扭矩值不符合设计和规范要求,产生超拧或欠拧,严重影响连接结构的强度。

2.原因

（1）构件接触摩擦面处理不符合规定:有的根本未加工处理,即使处理,也流于形式而不彻底。目前,从各施工企业的施工记录中发现,制作加工时很少按规范要求制备三组摩擦试件,安装时也很少做摩擦面的试验和摩擦面的处理。

（2）高强螺栓紧固用扳手不符合规定:

①有的施工企业不具备高强螺栓专用扳手时,用普通扳手紧固;

②虽用专用扳手,但未按规定要求使用;

③检查时也不用专用扳手检测,无法判定扭矩值和超拧、欠拧。

（3）紧固工艺不合理。

3.预防措施

高强螺栓不同于普通螺栓,其连接的结构都是承受拉力、压力和振动的重要结构,主要靠拧紧后的构件表面摩擦阻力来抵抗结构的传力。因此,为保证高强螺栓紧固后的拧矩值,必须做好以下工作。

（1）构件接触摩擦面必须按设计和施工规范要求的摩擦系数、等级、处理方法和工艺参数进行处理。

（2）构件制作单位应按设计和规范规定,对处理好的构件摩擦面采取相应的保护措施,不得涂漆或污损,出厂时必须附有三组同材质、同处理方法的试件。

（3）安装前,安装单位应认真检查处理好的构件摩擦面和试件表面。如处理或保护不当应重新处理,以保证满足质量要求。

（4）高强螺栓的施工和检测必须使用相应的专用扳手。使用前应明确高强螺栓所规定的扭矩值。

（5）紧固后的大六角头高强螺栓终拧矩值应按要求做好标记。检测时应按标记处的定位点，将螺母沿逆时针方向回退30°～50°，然后沿紧固方向施拧并观察测力读数，以确定欠拧或超拧（扭矩型高强螺栓终拧矩值的偏差不大于±10%）。

扭剪型高强螺栓的连接，可以在专用电动扳手施拧达到规定的强度值时，视螺栓尾部专设的梅花卡头被拧掉为合格，但对于因结构原因，无法采用专用扳手将其尾部卡头拧掉的个别螺栓，可用大六角头测力扳手施拧，拧紧后的螺栓尾部卡头可用铁锯锯掉，不得采用气割，以防影响拧紧后的受力强度。

4. 治理方法

紧固后的大六角头高强螺栓终拧矩值经检查测定，如发生欠拧或漏拧应补拧，如超拧超过规定的范围应更换螺栓重拧。凡补拧和超拧更换重拧处理后的扭矩值，均应符合设计或施工规范的规定。

1. 2. 3　紧固后的螺栓不设防松

钢结构用普通螺栓、高强螺栓连接的构件紧固后，均不采取防松措施。

1. 现象

用普通螺栓和高强螺栓连接紧固后的钢结构构件，在动荷载、冲击力、振动和温差等外力作用下，螺栓与螺母的连接螺纹咬合自行松脱，直接影响结构的连接强度，并引起严重的事故。

2. 原因分析

（1）凡是螺栓连接的结构构件，设计时应在施工图中强调采取紧固后的防松措施，有的设计图忽略了这一点。

（2）施工企业的技术负责人往往忽略防松要求，在制定施工组织设计或施工方案时，多数遗漏防松这一专项要求。

（3）施工操作者未接受技术交底设防松的强制性要求，缺乏防松的理论知识，不了解其重要作用，紧固后的螺栓不设防松。

3. 防治措施

不同用途、环境和受力性质的钢结构及其连接构件用螺栓连接紧固后，应按要求采用不同的防松形式和方法进行防松处理。

任务 2　钢结构吊装工程质量通病分析及预防

钢结构吊装施工的质量通病主要发生在基础、吊装和安装施工过程中。其现象、产生原因、防治措施及治理方法简要说明如下。

2.1 基础质量偏差责任不清

1. 现象

钢结构安装基础出现偏差(轴线偏移、坐标偏差等)时,施工、建设和安装单位三方往往互相推诿,解决时常出现按调和协商解决的不合理现象。

2. 原因分析

(1)未按施工规范和施工合同等法规履行责任义务。

(2)国家现行施工标准规定的责任义务不清。

3. 防治措施

基础施工单位、安装单位和建设单位,对基础的施工和交接验收,均须按设计、施工规范有关标准规定严格执行,并在合同中明确下列责任范围。

(1)基础施工单位将完工后的基础向建设单位或安装单位交接时,必须按设计和施工规范规定的技术标准进行复查,如基础质量及偏差符合标准要求,则可完成交接验收工作;如基础质量不符合标准要求,且偏差超出规定时,应由基础施工单位承担质量责任。

(2)基础施工质量基本符合标准规定,且有关偏差在标准规定范围内时,基础个别差值的调整应由安装单位负责处理。

(3)在基础交接复查时,没有发现质量问题,验收后施工时才发现质量及超差等重大问题,虽然基础已完成交接验收手续,但存在的质量问题仍由基础施工单位负责。

2.2 基础螺栓位移、螺杆损坏

1. 现象

在基础施工时,一次浇筑的地脚螺栓有位移、与规定位置不符,且其螺杆弯曲,个别螺栓的螺纹损坏等,无法安装钢柱底座。

2. 原因分析

基础预埋的地脚螺栓发生位移,基础施工时定位不准和埋固后的螺栓未加保护而导致螺杆弯曲及螺纹损坏。

3. 预防措施

(1)埋设地脚螺栓前,应放线定位准确,经复查正确后方可浇筑混凝土,在浇筑过程中也应随时检查并注意螺栓定位。

(2)浇筑后的地脚螺栓应用箱、盒等保护,严禁已埋固的地脚螺栓用于施工牵动或矫正等。

(3)在钢柱吊装前,应用锥形螺母及套管保护螺纹,钢柱在吊起、扶直和就位过程中柱底座应缓慢入位,以防止将螺栓碰弯和损坏螺纹。

4. 治理方法

(1)地脚螺栓发生位移时应视具体情况处理,经设计单位同意,一般可将原地脚螺栓去掉,按设计要求的位置打孔或钻孔用补焊螺栓加焊套管加固,并相应扩大柱底板的螺孔直径。

(2)当发生螺杆弯曲和螺纹损坏时,在不改变原地脚螺栓的材质、规格和强度的条件下,一般弯曲不严重、螺纹又能修复时,可将螺杆加热调直;如弯曲和螺纹损坏较严重,可将原螺杆在无螺纹段的适当位置处割掉,按规格、材质和长度要求,用电焊新接一段。焊接前需将接点处的上段下端螺杆周边加工出 45°坡口(底段上端呈台面,不加坡口),焊接时要求焊缝与螺杆对齐,为保证接点的强度,焊后在无螺纹段加焊等长度的套管,并将柱底板螺孔扩大,使其与套管的直径相配。

2.3　构件吊装不符合要求

1. 现象

钢构件吊装不符合工艺要求,使构件产生严重变形,造成安装困难和连接点强制受力安装,安装后不符合设计和施工规范的要求。

2. 原因分析

(1)吊装前,未对构件进行检查和变形的矫正就盲目吊装。

(2)对跨度或长度较长的屋架、梁等横向构件,在吊装时选择的重心吊点位置不当,在构件自重压力、吊装作用力等影响下,构件失稳,产生弯矩、拱度及变形,影响构件安装的尺寸。

(3)构件吊装前,未按构件的结构特点要求进行加固。

(4)构件吊装就位时发现位置不符,不采取正确的处理措施而强行安装,使安装后的构件不符合设计和规范的规定。

3. 预防措施

(1)构件吊装前,必须认真复查测量已装配好的构件和吊装件的长度、水平度、垂直度和连接点的位置尺寸,保证其正确,当构件存在变形时,应按质量标准和工艺参数进行矫正后,方可吊装和安装。

(2)凡属跨度或长度较长的、刚性较差的构件,在吊装前应正确选择重心受力吊点(可通过计算或试吊法确定),并按构件的结构特性予以加固,以防构件在自重压力和吊装作用力等影响下失稳、产生弯矩和发生变形。

(3)当构件吊装就位,发现安装连接的尺寸、位置严重不符合要求时,应立即将构件放到地面,分析原因并进一步复查测量构件有关尺寸、缺陷,找出原因后,按设计要求的尺寸完成处理工作再行吊装,不允许构件存在严重质量问题,不经处理,就以强行组对和任意改变结构连接位置等错误做法进行安装。

4. 治理方法

凡属未按设计和施工规范要求进行施工,安装尺寸超差及严重改变和降低结构受力强度的一些重要构件,虽已安装就位,但经设计计算达不到结构强度,均应按设计或施工规范要求进行处理后重新安装。

任务 3　构件定位工程质量通病分析及预防

3.1　计量器具精度不符合要求

1. 现象

计量器具未进行计量检定或校准不合格;计量器具计量检定周期超过有效期。

2. 原因分析

(1)计量器具不合格、不统一,直接导致安装及验收测量的精度不准确。

(2)不同的计量器具有不同的读数精度,使用低精度要求的计量器具将导致制作安装验收的数值不精确。

3. 防治措施

(1)加强对计量器具的管理,应按计量法规定,对计量器具定期检定,并保证其在检定有效期内使用。

(2)应根据工程的需要选用不同类型与等级的计量器具。

(3)部分计量器具在测量使用前应进行校准,并达到合格要求。

(4)计量器具应加强管理,注意保养和保护,为施工测量创造良好的条件。

3.2　测量温差的偏差

1. 现象

制作安装测量中没有按阳光排除侧照引起的偏差;制作安装测量中没有调整气温引起的偏差。

2. 原因分析

(1)钢柱安装校正测量中,侧面阳光的照射将引起柱的弯曲变形,导致测量读数与钢柱正常工作时的测量读数不一致。

(2)由于钢材的线膨胀系数较大,在温差变化情况下由于梁的热胀冷缩,导致柱垂直度测量数值会左右偏移。

3. 防治措施

(1)钢柱垂直度的测量应选择在阳光、温差影响较小的时刻,如在早晨、晚上、阴天测量钢柱的垂直度偏差。

(2)可先校正好一根标准柱,其他钢柱则可根据测量当时的标准柱温差弹性挠曲值进行校正。

(3)应根据气温(季节)控制柱垂直度偏差。

①气温接近当地年平均气温时(春、秋季),柱的垂直度偏差应控制在"0"附近。

②当气温高于或低于当地年平均气温时,应符合以下规定:厂房纵向应以每个伸缩段(两伸缩缝间)设柱间支撑的柱子为基准(垂直度校正至接近"0"),厂房纵向应以与屋架刚性连接的两柱为基准;气温高于平均气温时(夏季),其他柱应倾向基准点相反方向;气温低于平均气温时(冬季),其他柱应倾向基准点方向;柱倾斜值应根据施工时气温与年平均气温的温差和构件(梁、垂直支撑和屋架等)的跨度或与基准点的距离确定。

(4)在测量时钢卷尺要做好温差调整值的计算。

3.3 测量用基准点不当

1.现象

多层及高层建筑每节钢柱的定位轴线没有从地面控制轴线直接引测;安装柱时随意设置柱的定位轴线和水准点。

2.原因分析

(1)多层及高层钢结构柱安装时,因为下面一节柱的柱顶位置有安装偏差,所以不得将下节柱的柱顶位置线作为上柱的定位轴线。

(2)安装单位在复核柱基础的定位轴线和水准点时,随意设置二次控制点或高程,使建筑物定位控制网混乱、高程控制混乱,使今后安装过程和使用过程的沉降观察产生混乱。

3.防治措施

(1)单位工程总承包单位测量用的轴线和标高基准点,应由市政轴线和标高基准点引入,并应符合国家现行标准规定。钢结构安装单位根据总承包单位提供的轴线和标高基准点复核柱基础定位轴线和标高。钢结构安装工程验收测量的定位控制网和标高以总承包单位提供的轴线和标高基准点为准。

(2)复核测量中发现定位轴线控制网或基础标高存在超规范规定的允许偏差时,应及时会同有关单位商议,办理交接签证手续。

(3)多层及高层钢结构每节柱的定位轴线,宜用铅直仪等测量仪器从地面的控制轴线直接引测,利用传递上来的控制点,通过全站仪或经纬仪进行平面控制网放线,把轴线(坐标)放到柱顶上。

(4)根据标高控制点,采用水准仪和悬吊钢尺的方法引测标高。

3.4　验收测量时间不妥

1. 现象

将钢柱或梁等安装校正后的测量数值误作为安装验收的测量数值。

2. 原因分析

一般钢构件在未完成具有空间刚度的施工区段,由于焊接连接、紧固件连接等工序对结构精度产生影响,因此柱、梁安装校正后的测量数值不能作为工程验收依据。

3. 防治措施

(1)验收安装检测应在结构形成空间刚度单元,并在焊接连接、紧固件连接等分项工程验收合格的基础上进行。

(2)多层或高层钢结构安装工程可按楼层或施工段分一个或若干个检验批进行。

3.5　钢屋(托)架、桁架、主次梁及受压杆件的安装偏差

1. 现象

钢屋(托)架、桁架、主次梁及受压杆件安装后尺寸偏差超过规范规定的允许偏差;多层及高层主梁、次梁和受压杆件安装后尺寸偏差超过规范规定的允许偏差。

2. 原因分析

(1)跨中垂直度超差的原因有两个:

①测量仪器可能有问题,如已损坏或超过计量期限;

②跨中的稳定措施考虑不周,未设置缆风绳或用型钢拉撑。

(2)侧向弯曲垂直度超差主要出现在大跨度屋架或桁架安装时,多由于未采取多道稳定措施。

3. 防治措施

(1)施工前应检查测量仪器,确保准确完好。

(2)跨中的稳定措施应考虑周全,跨中的上弦和下弦必要时需设置缆风绳或用型钢拉撑。

(3)大跨度屋架或桁架的安装,仅在跨中控制垂直度是不够的,必须采取多道稳定措施,跨度越大道数越多。经验资料显示,每8～10 m设一道。设置方法:第一榀屋架或桁架采用缆风绳,第二榀及以后各榀宜采用型钢拉撑。

3.6　构件基准标记不全

1. 现象

钢柱等主要构件侧面无中心线标记;钢柱无标高基准线标记;一个分项工程检验批中的钢

柱等主要构件基准标记方向不一致。

2. 原因分析

(1)没有认识到构件中心线的重要性,错误地将构件边缘作为中心线的延伸部分,产生实际存在的中心线误差和构件安装误差。

(2)没有认识到构件标高的基准点对整个建筑结构的安装与使用的重要性,只是简单地从柱底来确定标高基准点,引起吊车梁的调整量增加或屋盖系统的调整。

(3)构件基准标记方向不一致,引起安装过程中测量困难,影响施工工期。

(4)钢构件的定位标记(中心线和标高等)对建筑物使用中的定期观测,工程档案资料可靠性和改、扩建有较大影响。

3. 防治措施

(1)安装单位应及时与构件制作单位沟通,提出构件中心线和标高基准点的位置方向。

(2)构件加工出厂前应正确标志标高基准点和中心线,并检查合格。

(3)进入安装现场的构件应及时抽查复测中心线和标高基准点标记。

(4)对复测中出现的问题,应及时组织相关部门重新做标志,检查合格后方可安装。

本章习题

一、选择题

1. 在焊缝质量的各种通病中,内外裂缝属于恶性质量通病,一般称为焊接(　　　)。

A. 质量缺陷　　　　　　　　B. 质量问题

C. 重大质量问题　　　　　　D. 较大质量问题

E. 质量事故

2. 焊接的(　　　)质量通病是指焊接焊缝发生未焊透和裂缝的危险缺陷,其严重地削弱和降低焊接接头的强度性能,又导致应力集中,造成结构破坏,在重要的受力结构焊缝中不允许存在。

A. 恶性　　　B. 良性　　　C. 重大　　　D. 较大　　　E. 一般

3. 按焊缝的裂缝类型及形式分,有在焊接过程中的(　　　)、焊接后的冷裂缝和延迟性裂缝。

A. 焊瘤　　　B. 结疤　　　C. 热裂缝　　　D. 较大裂缝　　　E. 一般裂缝

4. 焊缝表面裂缝的深度不超过(　　　)mm 时,可采用打磨处理,打磨时不允许损伤母材,打磨焊缝应与母材平滑整齐过渡,母材与焊缝加强高度之间不得出现突变和阶梯等畸形。

A. 0.1　　　B. 0.2　　　C. 0.3　　　D. 0.5　　　E. 0.6

5. (　　　)是指在已焊的焊缝上进行焊接返修或热处理加热时产生的裂缝。

A. 冷裂缝　　　B. 再热裂缝　　　C. 热裂缝　　　D. 较大裂缝　　　E. 延迟性裂缝

6. (　　　)高强螺栓的连接,可以在专用电动扳手施拧达到规定的强度值时,视螺栓尾部专设的梅花卡头被拧掉为合格。

A. 扭剪型　　　　B. 摩擦型　　　　C. 化学　　　　D. 膨胀　　　　E. 一般

7. (　　)测量中发现定位轴线控制网或基础标高存在超规范规定的允许偏差时,应及时会同有关单位商议,办理交接签证手续。

A. 首次　　　　B. 复核　　　　C. 自检　　　　D. 专检　　　　E. 测量员

8. 单位工程(　　)单位测量用的轴线标板和标高基准点,应由市政轴线和标高基准点引入,并应符合国家现行标准规定。

A. 建设　　　　B. 分包　　　　C. 监理　　　　D. 总承包　　　　E. 管理

9. 多层及高层钢结构每节柱的定位轴线,宜用(　　)等测量仪器从地面的控制轴线直接引测。

A. 经纬仪　　　　B. 全站仪　　　　C. 水准仪　　　　D. GPS　　　　E. 铅直仪

10. 大跨度屋架或桁架的安装,仅在跨中控制垂直度是不够的,必须按规范设置(　　)和型钢拉撑。

A. 剪刀撑　　　　B. 斜撑　　　　C. 水平撑　　　　D. 扶手　　　　E. 缆风绳

二、简答题

1. 请简述焊缝的一般质量通病。

2. 钢结构未焊透的现象是什么? 对于未焊透的焊缝,处理方法是什么?

3. 钢结构在焊接过程中产生热裂缝的原因是什么?

4. 钢结构产生冷裂缝的原因是什么? 可以采取什么防治措施?

5. 普通螺栓连接的质量通病是什么? 其防治措施是什么?

6. 为保证高强螺栓紧固后的拧矩值,必须做好哪些工作?

7. 钢结构建筑物基础螺栓发生位移、螺杆发生损坏的原因是什么? 如何处理?

8. 构件定位时所用计量仪器精度不符合要求的原因是什么?

9. 在安装钢结构构件时,如何避免温差引起的安装偏差?

10. 钢屋(托)架、桁架、主次梁及受压杆件在安装时产生安装偏差的原因是什么?

学习情境 6 装饰装修工程质量通病分析及预防

任务 1 地面工程质量通病分析及预防

1.1 砖地面(大理石地面)

常见的砖地面(大理石地面)质量通病:空鼓,接缝不平、缝隙不均,爆裂起拱,倒泛水。

1. 空鼓(图 6.1)

空鼓部位:客厅、走道、厨房、卫生间、阳台地面。

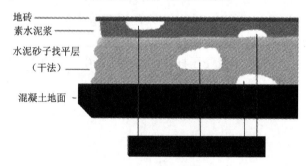

图 6.1 空鼓示意图

1)原因分析

(1)基层清理不干净或浇水湿润不够,素水泥浆结合层涂刷不均匀或涂刷时间过长,致使风干硬结,造成面层和垫层一起空鼓。

(2)垫层砂浆应为干硬性砂浆,如果加水较多或一次铺得太厚,砸不密实,容易造成面层空鼓。

(3)板块背面浮灰没有刷净,未用水湿润表面,操作质量差,锤击不当。

2）预防措施

（1）地面基层必须认真清理并充分湿润，以保证垫层与基层结合良好，垫层与基层的纯水泥浆结合层应涂刷均匀。

（2）板块背面的浮土、杂物必须清扫干净，并事先用水湿润表面，等表面稍晾干后进行铺设。

（3）垫层砂浆应用 1∶3～1∶4 干硬性水泥砂浆，铺设厚度以 2.5～3 cm 为宜，如果遇基层较低或过凹，应事先抹砂浆或细石混凝土找平，铺放板块时比地面线高出 3～4 mm 为宜。如果砂浆一次铺得过厚，放上板块厚，砂浆底部不易砸实，往往会引起局部空鼓。

（4）板块铺贴宜二次成活，第一次试铺后，用橡皮锤敲击，既要达到铺设高度，也要使垫层砂浆平整密实，根据锤击的空实声，搬起板块增减砂浆，浇一层水灰比为 0.5 左右的素水泥浆，再铺板块，四角平稳落地，锤击时不要砸边角，垫木方锤击时，木方长度不得超过单块板块的长度，也不要搭在另一块已铺设的板块上敲击，以免引起空鼓。

（5）板块铺设 24 h 后，应洒水养护 1～2 次，以补充水泥砂浆在硬化过程中所需的水分，保证板块与砂浆黏结牢固。

（6）灌缝前应将地面清扫干净，把板块上和缝内的松散砂浆用工具清除掉，灌缝应分几次进行，用长把刮板往缝内刮浆，使水泥浆填满缝隙和部分边角不实的空隙。灌缝后粘滴在板块上的砂浆应用软布擦洗干净。灌缝后 24 h 再浇水养护，然后覆盖锯末等保护成品进行养护。养护期间禁止上人走动。

3）治理方法

（1）对于松动的板块，搬起后，将底板砂浆和基层表面清理干净，用水湿润后再刷浆铺设。

（2）断裂的板块和边角有损坏的板块应更换。

2.接缝不平、缝隙不均

接缝不平、缝隙不均出现部位：客厅、走道、厨房、卫生间、阳台地面。

1）原因分析

（1）板块本身的几何尺寸不一，有厚薄、宽窄、窜角、翘曲等缺陷，事先挑选不严，铺设后在接缝处易产生不平和缝隙不均现象。

（2）各房间水平标高线不统一，使与楼道相接的门口处出现地面高低差。

（3）分格弹线马虎，分格线本身存在尺寸误差。

（4）铺贴时，黏结层砂浆稠度较大，又未进行试铺，一次成活，造成板块铺贴后走线较大，容易造成接缝不平、缝隙不均。

（5）地面铺设后，成品保护不好，在养护期间上人过早，板缝出现高低差。

2）预防措施

（1）必须由专人负责从楼层标高标准点处引进标高线，房间内应四边取中，在地面上弹出十字线（或在地面标高处拉好十字线），分格弹线应正确。铺设时，应先安好十字线交叉处最中间的 1 块，作为标准块；如以十字线为中缝，可在十字线交叉点对角安设 2 块标准块。标准块为整个房间的水平标准和经纬标准，应用 90°角尺及水平尺细致校正。

（2）安设标准块后应沿两侧和后退方向顺序铺设，黏结层砂浆稠度不应过大，宜采用干硬性水泥。铺贴操作宜二次成活,随时用水平尺和直尺找准,缝隙必须通长拉线,不能有偏差。铺设时分段分块尺寸要事先排好定好,以免产生游缝、缝隙不均和最后一块铺不上或缝隙过大等现象。

(3)板块本身的几何尺寸应符合规范要求,凡有翘曲、拱背、宽窄不一、不方正等缺陷时,应事先套尺检查,挑出不用,或分档次后分别使用。尺寸误差较大的,裁割后可用在边角等适当部位。

(4)地面铺设后,在养护期内禁止上人活动,做好成品保护工作。

3)治理方法

(1)对明显大小不一的接缝,可在砂浆达到一定强度后,用手提切割机对接缝进行切割处理,切割时,手提切割机应用靠尺顺直,切割动作要轻细,防止动作过程中造成掉角、裂缝和豁口等弊病。切割后,接缝应达到宽窄均匀,平直美观。

(2)根据板块颜色,勾缝材料中可掺入适当颜料,使接缝与板块颜色基本一致。

3. 爆裂起拱

爆裂起拱部位:客厅、走道、厨房、卫生间、阳台地面。

1)原因分析

此种情况多见于春夏气温较高时铺设的地面,主要是地砖与铺设砂浆的线膨胀系数不同所致(砂浆的线膨胀系数为$(10 \sim 14) \times 10^{-6}/℃$,地砖的线膨胀系数为$3 \times 10^{-6}/℃$,两者相差3~5倍),且铺设时温度越高,铺设砂浆中水泥掺量越多,地砖密实度越大,两者的线膨胀系数相差越大。尤其是夏天铺设的地砖,进入秋冬季时,随着气温降低,铺设砂浆和地砖逐渐收缩,不同步的收缩变形最终造成地面爆裂起拱。当铺设砂浆中水泥掺量越多,地砖拼缝过紧以及四周与砖墙挤紧时,爆裂起拱现象越严重。

2)预防措施

(1)铺设地砖的水泥砂浆配合比宜为1:2.5~1:3,水泥掺量不宜过大,砂浆中适量掺加白灰为宜。

(2)地砖铺设时不宜拼缝过紧,宜留1~2 mm,擦缝不宜用纯水泥浆,水泥砂浆中宜掺适量的白灰。

(3)地砖铺设时,四周与砖墙间宜留2~3 mm的空隙。

4. 倒泛水

倒泛水出现部位:厨房、卫生间、阳台地面。

1)原因分析

(1)阳台、浴厕间的地面一般比室内地面低2~5 cm,但有时因施工疏忽造成地面倒泛水。

(2)施工前,地面标高抄平弹线不准确,施工中未按规定的泛水坡度做标筋、刮平。

(3)阳台、浴厕间的地漏安装过高,以致形成地漏四周积水。

2)预防措施

(1)对于倒泛水的浴厕间,应将面层全部凿掉,重做找平层。

(2)可在浴厕间门口处做门槛(贴大理石时要使用防水砂浆),确保房间内有一定的坡度。

1.2　木地板

在木地板安装工程中,施工人员、施工机具、施工材料、施工方法以及环境的差异和影响会造成木地板出现各种质量问题。

1.木地板铺后出现明显高低不平

1)原因分析

(1)木地板施工前,技术管理人员没有认真对现场放线人员进行相应的技术交底,地板搁栅高度没有根据水平线调整。

(2)现场管理跟踪检查不到位,施工人员安装的木地板不满足相应的质量要求,从而造成地板铺设后出现不平现象。

2)预防措施

(1)现场放线技术交底工作要认真落实,搁栅高度要根据水平线调整平齐。

(2)现场管理跟踪检查要落实到人,地板铺设应留缝处理,可采用免胶铺设方法。

2.地板有起拱断裂现象

1)原因分析

(1)安装木地板的地面基层含水率高,时间一长会造成木地板膨胀起拱。

(2)铺设时木地板地面四周与墙面没有预留空缝,造成起拱断裂。

2)预防措施

(1)铺设前检查地坪是否平整,水泥砂浆找平面层的含水率是否满足实际施工需要。

(2)木地板地面四周踢脚板下留8~10 mm的伸缩缝,确保有收缩空间。

3.实木地板走动时有响动

1)原因分析

实木地板铺设时先打木塞,然后把木楞用钉子固定在木塞上,使用一段时间之后出现松动,故出现响动。

2)预防措施

在铺装木地板时,先打好木塞,利用聚氨酯胶固定木楞,然后用钉子固定。

任务2　墙面工程质量通病分析及预防

2.1　大理石墙面

常见室内外大理石墙面质量通病:饰面不平整,接缝不顺直;板块开裂,边角缺损;空鼓脱落;板面腐蚀污染。

出现部位:电梯前室。

1. 饰面不平整,接缝不顺直

1)原因分析

(1)板块外形尺寸偏差大。

(2)弯曲面或弧形平面板块,在施工现场用手提切割机加工,尺寸偏差失控,常见质量通病有板块厚薄不一,板面凹凸不平,板角不方正,板块尺寸超过允许偏差。

(3)施工无准备,对板块来料未进行检查、挑选、试拼,施工标线不准确或间隔过大。

(4)干缝(或密缝)安装,无法利用板缝宽度适当调整板块加工制作偏差,导致大面积的墙面板缝累积偏差过大。

2)预防措施

(1)采用"干接"缝的饰面,其板块外观偏差不应超过优等品的允许偏差标准,板块长、宽只允许出现负偏差。

(2)认真熟悉图纸,明确板块的排列方式、分格和图案,伸缩缝位置、接缝和凹凸部位的构造大样。

(3)做好施工大样图,排好尺寸。

(4)板块安装前应先做样板墙,经建设、设计、监理、施工单位共同商定和确认后,再大面积铺贴。

(5)板块灌浆前应浇水将板块背面和基体表面湿润,再分层灌浆,每层灌注高度为150～200 mm且不大于板高的1/3,插捣密实。待其初凝后,应检查板面位置,若有移动错位,应拆除重新安装,若无移动,方可灌注上层砂浆。

2. 板块开裂,边角缺损

1)原因分析

(1)板块局部风化脆弱,或在加工运输中造成隐伤,安装前未经检查和修补。

(2)计划不周或施工无序,在饰面安装后又在墙上开洞,导致饰面出现"犬牙"和裂缝。

2)预防措施

(1)做好加工运输质量保障工作,安装前再一次进行检查。

(2)安装板块应在墙面预埋完成后进行。

(3)板块进场后,首先应进行外观检查,不符合要求的不得使用。

3. 空鼓脱落

1)原因分析

(1)基体(基层)、板块底面未清理干净,残存灰尘或脏污物。

(2)镶贴(或灌浆)砂浆不饱满,或砂浆太稀、强度低、黏结力差、干缩量大,砂浆养护不良。传统的镶贴砂浆为1:2或1:2.5水泥砂浆,用料比较单一,采用体积比,无黏结强度的定量要求和检验,因而黏结力较差。

(3)石材防护剂涂刷不当,或使用不合格的石材防护剂,板背变光滑,削弱了板块与砂浆的黏结力。

2)预防措施

(1)镶贴前,基体(基层)、板块必须清理干净,用水充分湿润,阴干至表面无水迹时,即可涂刷界面处理剂,界面处理剂表面干后即镶贴。

(2)镶贴砂浆稠度宜为60~80 mm,灌浆砂浆稠度宜为80~120 mm(坚持分层灌实)。

(3)使用经检验合格的板材防护剂涂刷,并按使用说明书进行涂刷。

(4)注意成品保护,防止振动、撞击等,尤其注意避免镶贴砂浆、胶黏剂早期受损伤。

4. 板面腐蚀污染

1)原因分析

(1)板块出厂(或安装)前,石材表面未做专门的防护处理。

(2)施工过程中受不文明施工污染和损害,使用期间受墙壁渗漏、卫生间酸碱液体侵蚀污染。

(3)成品保护不良。

2)预防措施

(1)更新观念,预防为主,石材安装前浸泡或涂抹商品专用防护剂,能有效地防止污渍渗透和腐蚀。

(2)板块进场应按规范要求进行外观缺陷检查和物理性能检验。

(3)重视成品保护,室内外大理石必须定期打蜡。

2.2 瓷砖墙面

常见室内外瓷砖墙面质量通病:用水房间墙壁泛潮;饰面不平整,缝格不顺直;墙面出现"破活",细部粗糙;空鼓脱落。

出现部位:电梯前室、厨房、卫生间墙面。

1. 用水房间墙壁泛潮

1)原因分析

(1)施工无组织,穿墙管道在防水完成后安装,或现划现凿,穿墙管道渗漏。

(2)采用传统的密缝粘贴,形成"瞎缝",板缝几乎无法塞进砂浆,仅在表面用水泥擦平缝,板缝仍是渗漏通道。

(3)传统的勾缝材料为普通水泥净浆,硬化后干缩率大,容易在板缝部位产生裂隙或在净浆与面砖之间产生缝隙。

(4)普通砖是靠板块背面满刮水泥砂浆(或水泥浆)粘贴上墙的,它靠手工挤压板块,黏结砂浆不易全部挤满,尤其板块的4个周边(特别是4个角)砂浆不易饱满,以致留下渗水空隙和通路。

2)预防措施

(1)贴砖应在墙面预埋完成且防水施工合格后进行。

（2）管道安装不得在墙内设置接头，不宜使用铸铁管、镀锌管，应使用塑料管。

（3）采用离缝法粘贴瓷砖，板缝宽约 2 mm，可增强板缝的防水能力，阴角部位打卫生间专用防水防霉密封胶。

（4）瓷砖与门窗框接缝部位预留约 5 mm 宽的凹槽，填嵌卫生间专用防水防霉密封胶。

（5）为保护室内外装修，与用水房间相邻的房间，其墙面找平层和防渗层质量保证同用水房间。

2. 饰面不平整，缝格不顺直

1）原因分析

（1）无预排砖，盲目施工。

（2）瓷砖外观尺寸偏差较大。

（3）墙体、找平层不平整、不垂直。

（4）传统的密缝粘贴方法使砂浆嵌填困难，一部分有砂浆，一部分无砂浆，粘贴面积越大，板缝的积累偏差越大。

2）预防措施

（1）踏踏实实按照操作规程施工，先弹竖线、水平线及表面平整线，然后挂线粘贴。

（2）瓷砖进场的外观质量必须符合《陶瓷砖》（GB/T 4100—2015）的规定。

（3）宜采用离缝法粘贴瓷砖，板缝宽约 2 mm。

3. 墙面出现"破活"，细部粗糙

1）原因分析

（1）大面积施工前无样板间，盲目施工，发现问题太晚。

（2）墙面凸出物、管线穿墙部位用碎砖。

（3）瓷砖切割无专用工具，非整砖切割粗糙，边角破损。

2）预防措施

（1）门窗洞口尽量安排整砖，减少切割。

（2）墙面凸出物、管线穿墙部位不得用碎砖粘贴，应用整砖上下左右对准孔洞套划好，套割吻合，凸出墙面边缘的厚度应一致。

（3）为防止饰面出现"吊脚"，在墙面粘贴前应确定楼地面线，宜地面板块压墙根板块。

（4）配齐工具，避免切割出现"犬牙"破碎或歪斜，切割边宜藏进找平层或被整砖压边。

4. 空鼓脱落

1）原因分析

（1）基体（基层）、板块底面未清理干净，残存灰尘或脏污物。

（2）镶贴（或灌浆）砂浆不饱满，或砂浆太稀、强度低、黏结力差、干缩量大，砂浆养护不良。传统的镶贴砂浆为 1∶2 或 1∶2.5 水泥砂浆，用料比较单一，采用体积比，无黏结强度的定量要求和检验，因而黏结力较差。

（3）粘贴砂浆厚薄不均，砂浆不饱满，操作过程中用力不均，砂浆收水后，对粘贴好的瓷砖进行纠偏移动，造成饰面空鼓。

2）预防措施

（1）进场瓷砖质量应符合国家标准要求。

（2）瓷砖黏结砂浆厚度一般控制在 6～10 mm（宜为 6～7 mm），过厚或过薄均易产生空鼓。

（3）施工顺序为先墙面后地面；墙面由下往上分层粘贴，分层粘贴时还需回旋式粘贴（即四面墙同时粘贴），这样粘贴能使阴阳角紧密牢固，比墙面砖全部贴完后再贴阴阳角要好得多。

（4）当采用水泥砂浆黏结层时，粘贴后的瓷砖可用小铲木把轻轻敲击，瓷砖粘贴 20 min 后，切忌挪动或振动。

（5）离缝粘贴瓷砖，有助于预防瓷砖空鼓脱落。

2.3　裱糊工程

在墙面裱糊工程中，施工人员、施工机具、施工材料、施工方法以及环境的差异和影响会造成墙布、墙纸出现各种质量问题。

1. 离缝

离缝是指相邻壁纸或墙布间的拼接缝隙超过允许偏差。

1）原因分析

在裱糊墙纸或墙布时，未与相邻幅墙纸或者墙布连接准确就压实；虽接缝连接准确，但粘贴时赶压推力过大使墙纸伸长，在干燥过程中产生回缩。

2）预防措施

在粘贴墙纸或墙布时，必须与相邻幅靠紧，争取无缝隙；在赶压时，由拼缝横向往外赶压胶液和气泡。

2. 亏纸或亏布

亏纸或亏布是指墙纸或墙布的上口与挂镜线、下口与踢脚线连接不严，露出基面。

1）原因分析

墙纸或者墙布在裁割时，未严格按照量好的尺寸裁割，或者不是一刀裁割而是分多次交换刀刃方向。

2）预防措施

根据所量尺寸放长 10～20 mm 裁割墙纸或墙布，先以上口为准将墙纸或墙布裁割好，粘贴后，在踢脚线上口压尺，裁掉多余部分；裁割墙纸或墙布必须严格按照尺寸，尺子压紧壁纸后不得再移动，刀刃贴紧尺边，一次裁割。

3. 搭缝

搭缝是指相邻墙纸或墙布重叠凸起。

1）原因分析

未将相邻两幅墙纸或墙布拼缝推压分开。

2）预防措施

保证墙纸或墙布边直而光洁；粘贴无收缩性的墙纸或墙布时，相邻幅墙纸或者墙布不能搭接，粘贴收缩性大的墙纸或墙布时可适当搭接多些，以便收缩后正好合缝。

4. 翘边

翘边是指墙纸或墙布边沿脱胶离开基面而卷翘起来。

1）原因分析

（1）将要粘贴墙纸或墙布的基面有灰尘、油污等。

（2）将要粘贴墙纸或墙布的基面潮湿。

（3）粘贴墙纸或者墙布的胶黏剂黏性小。

（4）阳角处包过阳角的墙纸或墙布少于20 mm。

2）预防措施

（1）将要粘贴墙纸或墙布基面上的灰尘、油污等必须清理干净。

（2）将要粘贴墙纸或墙布的基面含水率不得大于规定数值，过于潮湿必须晾干。

（3）选用合适的胶黏剂，涂刷的胶液要薄而匀，胶液略干时再粘贴。

（5）严禁在阳角处甩缝，墙纸或墙布应包过阳角不小于20 mm 宽。

5. 空鼓

空鼓是指墙纸或墙纸表面有小块凸起。

1）原因分析

（1）粘贴墙纸或墙布时赶压不得当，往返挤压胶液次数过多，或赶压力量太小，未将壁纸底下的空气赶出。

（2）在将要粘贴墙纸或墙布的基面或墙纸或墙布的背面涂刷的胶液厚薄不匀或有漏刷的地方。

（3）将要粘贴墙纸或墙布的基面潮湿或有灰尘、油污等。

2）预防措施

（1）在粘贴墙纸或墙布时，赶压胶液应由里向外。

（2）将要粘贴墙纸或墙布的基面必须干燥，不平处应用腻子刮抹平整。

（3）将要粘贴墙纸或墙布的基面上的灰尘、油污必须清理干净。

任务3　门窗工程质量通病分析及预防

3.1　铝合金门窗

常见铝合金门窗质量通病：位置不准，框扇变形翘曲，变形、刚度差，污染、锈蚀、氧化涂膜腐蚀脱落。

出现部位:客厅、卧室、厨房、卫生间门窗。

1.位置不准

1)原因分析

操作人员对图纸不熟悉。

2)预防措施

(1)预留洞口门窗框安装前,室内外墙面应先冲好水平标筋或做完粉刷,供门窗定位。

(2)安装人员应了解每樘门窗的型号、开向、标高以及安装在墙中或里平、外平。

(3)室内外墙面应弹好 +1 000 mm 的水平准线,据此校正门窗标高。

(4)在门窗洞口四周墙体上弹好门窗框安装线,按线嵌固门窗框。

(5)凡设计有筒子板、窗台板的门窗,弹线时应考虑安装尺寸。

(6)多层建筑的外墙面,宜测设门窗垂直中心线或边线,安装门窗框时,吊线锤使门窗框上下顺直。

(7)门窗框就位后,应先用木楔临时固定,找平、吊正、校准无误后,调整固定木楔,方可埋置或焊固门窗框铁脚。

2.框扇变形翘曲

1)原因分析

制作质量差。

2)预防措施

门扇安装前应检查框的立梃是否垂直,如有偏差,待修整后再安装。安装合页时应保证合页的进出、深浅一致,上下合页的轴保持在一条垂直线上。

3.变形、刚度差

针对门窗变形、刚度差的问题,应采取以下预防措施。

(1)必须选用符合国家标准要求的铝合金型材,一般平开窗不小于55系列,推拉窗不小于75系列。窗的型材壁厚不应小于1.4 mm,门的型材壁厚不应小于2.0 mm,防止型材过薄而产生变形。

(2)连接件同墙体连接,应视不同的墙体结构,采用不同的连接方法。在混凝土墙上可采用射钉或膨胀螺栓固定;在砖墙上不准用钢钉或射钉固定,应预先砌入预制混凝土块,强度不小于C20。

(3)选用质量优良且与窗扇配套的滑轮。

4.污染、锈蚀、氧化涂膜腐蚀脱落

针对门窗污染、锈蚀、氧化涂膜腐蚀脱落等问题,应采取以下预防措施。

(1)铝合金门窗安装应遵照先湿后干的工艺程序,即在墙面湿作业完成后再进行铝合金门窗安装。在粉刷前不得撕掉保护胶带。

(2)门窗框有水泥砂浆等污物时,应及时用软布擦净,不得在其硬结后用硬物刮铲,以免损伤铝型材表面。

（3）加强成品保护,施工中不得踩踏门窗框,碰撞划伤门窗框。

（4）五金与所选型材应配套,对易锈蚀配件做镀锌处理。

3.2 成品木门

常见成品木门质量通病:框扇变形翘曲,五金不配套。

出现部位:卧室门。

1. 框扇变形翘曲

1）原因分析

木门材质差。

2）预防措施

（1）制作木门的木材宜选红白松。木材含水率不大于12%,并应符合当地标准。

（2）现场存放场地要平整、干燥,材料应码放合理,排列整齐。平放时底层要垫实垫平,距离地面要有一定的空隙,以便通风。

（3）如果发现翘曲,应先将其压平后再安装,轻微翘曲可在安装时用合页及螺钉进行调整。

2. 五金不配套

1）原因分析

（1）五金不配套,安装位置不正确、表面返锈。

（2）合页槽不严丝合缝,螺丝钉未卧平、歪斜。

2）预防措施

（1）五金应严格按数量表选材,并做好防腐处理后再安装。

（2）木门拉手及插销高度宜为900～1 050 mm,同一房间、同一单元或整栋楼,拉手位置应力求一致,尺寸要量准确。

（3）验扇前应检查门框的立梃是否垂直,合页是否在同一条垂直线上。合页与门窗上下端的距离宜取立梃高度的1/10,并避开榫头。

（4）安装合页时,必须按画好的合页位置线开凿合页槽,槽深应与合页厚度吻合。应根据合页规格选用合适的木螺丝,木螺丝可用锤打入1/3深后再行拧入,避免不平、歪斜。

任务4 涂料工程质量通病分析预防

4.1 水性涂料

水性涂料常见质量通病:涂料流坠,有刷纹或接痕,饰面不均匀,涂层颜色不均匀,起粉、泛碱、脱皮、咬色,变色、褪色,施工沾污。

出现部位:客厅、卧室、阳台天棚。

1. 涂料流坠

1)原因分析

(1)基层过湿或表面太光滑,吸水少。

(2)涂料本身黏度过低或兑水过多。

(3)一次施涂太厚,流坠的发生与涂膜厚度的 3 次方成正比。

(4)涂料里含有较多的密度大的颜、填料。

(5)墙面、顶棚等转角部位未采取遮盖措施,致使先后刷的涂料在转角部位叠加过厚而流坠。

(6)涂料施工前未搅拌均匀(上层的涂料较稀)。

2)预防措施

(1)控制涂料含水率不得超过 10%。

(2)控制好涂料的施工黏度。

(3)控制施涂厚度。

(4)转角部位应使用遮盖物,避免两个面的涂料相互叠加。

(5)施涂前应将涂料搅拌均匀。

(6)提高技术、操作水平,保证施涂质量。

2. 有刷纹或接痕

1)原因分析

(1)基层处理不当,基层或腻子材料吸水过快。

(2)刷子、辊筒过硬,或刷子陈旧,毛绒短少,涂刷厚薄不均。

(3)涂料本身流平性差。

(4)涂料的颜色与基料的比例不合适,颜、填料含量过高。

(5)基层过于干燥,施工环境温度过高。

(6)施涂操作不当,搭接部位接痕明显。

2)预防措施

(1)基层处理后涂刷与面涂配套的封闭涂料,采用经检验合格的商品腻子,薄而均匀地满批腻子。腻子干燥后要用砂纸磨平,清除浮粉后方可进行涂料施工。

(2)根据所用涂料选用合适的刷子或辊筒,及时清洗更换工具。

(3)使用流平性好的有机增稠剂来改善涂料的流平性。

(4)调整涂料的颜色与基料的比例,增加基料用量。

(5)避免在温度过高的环境下施工。

(6)正确操作:①涂料施工应连续不断,由于乳胶漆干燥较快,每个涂刷面应尽量一次完成,间断时间不得超过 3 min,否则易产生接痕;②在辊涂过程中,向上时要用力,向下时轻轻回带。

3. 饰面不均匀

1）原因分析

（1）抹灰面用木搓子搓毛,致使基层表面粗糙,粗细不均匀。

（2）局部修理返工,造成基层补疤,明显高低不平。

（3）基层各部位干湿不一,基层渗吸不均匀。

（4）材料批号、质量不一,计量不准,涂料稠度不当。

（5）施涂任意甩槎,接槎部位涂层叠加过厚。

（6）由于脚手架遮挡,施工操作不便,造成施涂不均匀。

2）预防措施

（1）抹灰面层用铁抹子压光太光滑,木抹子则太粗糙,排笔蘸水扫毛会降低面层强度,最好用塑料抹子或木抹子加钉海绵收光,使之大面平整、粗细均匀。

（2）重视基层成品保护,避免成活后再凿洞或损坏,局部宜用专门的修补腻子。

（3）基层干燥一致,砂浆抹灰层的含水率不得大于10%。

（4）涂料使用前应搅拌均匀。

（5）施工接槎应在分格缝部位。

（6）脚手架离墙面不得小于30 cm,脚手架妨碍操作部位应特别注意施涂均匀。

4. 涂层颜色不均匀

1）原因分析

（1）不同厂、不同批涂料同时使用。

（2）使用涂料时未搅拌均匀或任意加水。

（3）基层光滑程度不一,有明显接槎,致使吸附涂料不均匀,涂刷后由于光影作用,造成墙面颜色深浅不一。

（4）由于脚手架遮挡,施工操作不便,造成施涂不均匀。

（5）操作不当,反复施涂或未在分格缝部位接槎,任意甩槎又未遮挡。

（6）成品保护不好。

2）预防措施

（1）同一工程选用同一厂家的同批涂料。

（2）由于涂料易沉淀分层,使用时必须将涂料搅拌均匀并不可任意加水。一桶乳胶漆宜先倒出2/3,搅拌剩余的1/3,然后倒回原来的2/3,再整桶搅拌。

（3）基层表面的麻面、小孔,事先应修补平整。

（4）脚手架离墙面不得小于30 cm,脚手架妨碍操作部位应特别注意施涂均匀。

（5）施涂要连续,不能中断,衔接时间不得超过3 min,未遮挡受飞溅沾污部位应及时清理干净。

（6）涂饰工程应在安装工程完毕之后进行,施涂完毕要加强成品保护。

5. 起粉、泛碱、脱皮、咬色

1）原因分析

（1）基层处理不到位，含水率过大。

（2）施工温度未控制好。

2）预防措施

（1）内墙基层处理质量必须严格控制，要求基层应平整，抹纹顺通一致，涂刷前，将表面油污等清理干净。

（2）对色差大的基层，适当增加基层满刮腻子的遍数。

（3）无抹灰顶棚应根据室内外墙面水平控制线测量后统一弹线，用白水泥统一找平。

（4）面层涂刷时，基层含水率不得超过 10%。

（5）选择质量好的环保型涂料，及时索要合格证，每批涂料颜色和各原材料配比必须一致，应按说明书进行稀释，不得随意加水，使用时应及时搅拌均匀，防止沉淀。

（6）控制好施工温度，应在 10 ℃以上。

6. 变色、褪色

1）原因分析

（1）涂膜变色、褪色与基料和颜料有关。

（2）基层太湿，碱性太大，尤其是新近修补的墙面。

（3）乳胶漆与相邻的聚氨酯类油漆同时施工（聚氨酯类油漆中含有游离甲苯二异氰酸酯），会严重导致未干透的乳胶漆泛黄。

（4）面涂与底涂不配套，面涂溶解底涂，发生"渗色"。

（5）内墙涂料用于外墙。

（6）施工现场附近有能与颜料起化学反应的氨、SO_2 等发生源。

2）预防措施

（1）应选择耐候耐碱的基料和颜料。

（2）涂饰基层必须干燥，砂浆基层 pH 值要小于 10，含水率不得大于 10%。

（3）宜用高品质的聚氨酯或醇酸树脂油漆，待彻底干燥后再刷乳胶漆。

（4）施工时，检查面涂与底涂是否配套，避免发生"渗色"。

（5）内墙涂料不能用于外墙。

（6）使氨、SO_2 等发生源远离施工现场。

7. 施工沾污

1）出现原因

（1）施工管理差，施工场地脏、乱、差。

（2）分色部位未贴分色胶粘纸带，界限不明，致使油漆涂刷到不应刷到的部位。

（3）油漆成膜干燥后才清除污物。

2）预防措施

（1）提高管理水平，坚持文明施工。

（2）分色部位应先贴分色胶粘纸带，并经检查确认平直后再行刷漆。

（3）及早清擦被沾污部位，并注意成品保护。

4.2　溶剂性涂料

在溶剂性涂装工程中，施工人员、施工机具、施工材料、施工方法以及环境的差异和影响会造成溶剂性涂装工程出现各种质量问题。

1．刷痕严重

1）原因分析

（1）选用的漆刷过小或刷毛过硬或漆刷保管不好造成刷毛不齐。

（2）涂料的黏度太高，而稀释剂的挥发速度又太快。

（3）在木制品刷涂过程中，没有顺木纹方向垂直涂刷。

（4）被涂的饰面对涂料的吸收能力过强使得涂刷困难。

（5）由于涂料中的填料具有吸油性或涂料混进水分等原因，造成涂料流动性差。

2）预防措施

（1）根据现场情况尽量采用较大的漆刷，漆刷必须柔软，刷毛平齐，不齐的漆刷不用，涂刷时应用力均匀、动作轻巧。

（2）调整涂料的黏度，选用配套的稀释剂。

（3）应顺木纹方向进行刷涂。

（4）先用黏度低的涂料封底，然后正常刷涂。

（5）选用的涂料应有很好的流动性、溶剂的挥发速度适当。

（6）若涂料中混入水，应用滤纸吸出后再用。

2．交叉污染

1）原因分析

（1）施工前未做成品保护或保护不到位。

（2）质量检查不到位，不细心。

（3）施工人员成品保护意识差，施工时马虎。

（4）没按照规范的施工流程进行施工（如门窗的铰链先安装、后涂刷）。

2）预防措施

（1）施工前，所有可能产生交叉污染的部位均应保护到位，且做到保护严密、不遗漏。

（2）质检员检查质量时，加强检查力度，检查要仔细。

（3）加强施工人员的成品保护意识，不定期进行施工技术、质量意识培训。

（4）按施工工序的先后顺序施工（如门窗等应先涂刷、后安装铰链）。

3．涂膜脱落

1）原因分析

（1）基层处理不当，表面有油垢、水汽、灰尘或化学品等污渍。

（2）每一层涂膜厚度太厚。

（3）基层潮湿,基层的含水率不满足实际施工的需要。

2）预防措施

（1）施工前,应将基层表面清扫干净,砂纸打磨后产生的灰尘也应清扫干净。

（2）按照设计要求控制好每层涂膜的厚度。

（3）施工前,基层应干燥,基层的含水率应满足实际施工的需要。

4.涂料收口不到位

1）原因分析

（1）工人施工不认真,虎头蛇尾。

（2）质检员在质量检查时不认真。

2）预防措施

（1）加强对施工人员的质量意识培训教育,施工前技术交底要到位。

（2）质检员应认真、全面、及时地对施工质量进行检查。

任务5 其他质量通病分析及预防

5.1 纸面石膏板吊顶、隔墙板缝开裂

针对纸面石膏板吊顶、隔墙板缝开裂问题,应采取以下措施。

（1）制定专项施工方案,严格按设计及规范要求施工,技术交底要做到有针对性。

（2）在制作轻钢龙骨等时,吊杆规格、间距、垂直度、牢固度以及紧固件应严格满足规范要求。

（3）板缝要选择合理的节点构造,严禁密缝,接缝处(裁割边)均应倒角、离缝,缝内杂物应清除干净。

（4）把好材料进场验收关,仔细查验产品合格证、质量检测报告,并进行材料的抽样检验,以减少板的变形和增加刚度。

（5）使用质量较好的弹性腻子填塞板缝,待腻子初凝(30～40 mm),再刮一层1 mm厚较稀的腻子,将嵌缝纸带压住。

（6）叠级、收边及简单造型部位,应尽量使用石膏板,避免使用木夹板,消除材质不同造成的收缩不一致。

5.2 轻质隔墙(加气混凝土砌块墙、ALC 板等)抹灰空鼓、裂缝

针对轻质隔墙(加气混凝土砌块墙、ALC 板等)抹灰空鼓、裂缝问题,应采取以下措施。

（1）在设计上充分考虑轻质隔墙的整体性和刚度,安装完成的轻质隔墙,尤其是在安装胶结材料未达到强度前应避免受较大的冲击、振动,对已受到振动而使墙体局部松动的,必须经加固补强后方能进行抹灰。

（2）对墙体交接薄弱的部位,应采取措施补强,使墙体有良好的整体性和强度,经检查合格后才能进行抹灰。

（3）加气混凝土墙面抹灰必须按下列要求进行。

①抹灰前把墙面清扫干净。

②提前 2 d 对墙体进行浇水,每天 2～3 次,抹灰前再浇水湿润一遍。

③抹灰前,应对基层进行界面处理,涂刷界面剂或 801 建筑胶,边刷浆边抹灰。

④用加气混凝土砌块专用砂浆打底,纸筋灰抹面。厚度不宜过厚,应控制在 2～3 mm,为了增加与基层的黏结力,第一遍抹灰时,在灰浆内可掺 10%～15% 的 801 胶。

⑤加气混凝土砌块隔墙采用后装立门框时,应在砌块内预埋木砖,为门框的固定做好预埋构件。

本章习题

1. 试叙述砖地面(大理石地面)工程中常见的质量通病及其产生原因、治理方法。

2. 试叙述大理石墙面中常见的质量通病及其产生原因、治理方法。

3. 试叙述瓷砖墙面中常见的质量通病及其产生原因、治理方法。

4. 试叙述水性涂料工程中常见的质量通病及其产生原因、治理方法。

5. 试叙述纸面石膏板吊顶、隔墙板缝开裂的预防措施。

6. 试叙述轻质隔墙抹灰空鼓、裂缝的预防措施。

7. 试叙述墙纸、墙布等饰面材料翘边的预防措施。

8. 试叙述行走时木地板有响声、起鼓、变形的预防措施。

学习情境7　特殊工程质量通病分析及预防

任务1　水池工程质量通病分析及预防

目前,国内除预应力原水池采用装配式池壁外,一般钢筋混凝土水池都采用现浇整体式池壁。采用预制装配式池壁可以节约模板,提高施工效率,但存在壁板接缝处水平钢筋焊接工作量大,二次混凝土灌缝施工不便,连接部位施工质量难以保证等问题。实际上,无论采用哪种结构形式,底与壁交接处均存在施工缝。水池施工质量通病主要有地基扰动、池体渗漏、水池浮起三种。

1.1　地基扰动

1. 现象

大型水池贮量很大,壁底均在液体压力下工作,抗渗要求较高。水池试水或投产后,由于地基已受扰动,因而产生不均匀沉陷,导致水池开裂,影响水池的正常工作。

2. 原因分析

水池直径较大,地基受扰动机会较多,扰动因素有以下几个。

(1)地基浸水。施工过程中排水措施不周,因地下水上升或雨水冲积,地基浸水。

(2)局部地基挖深与设计标高不符,补填挖深部分使局部地基耐力降低。

(3)地基冻胀。在冬季前后,气候突变,急剧降温,大面积地基未及时覆盖而受冻。

3. 预防措施

(1)大型水池基底标高一般均在地下水位以下,应十分重视排水设施的安排,任何情况下都不能使地基受地下水及雨水的浸泡,在湿陷性大孔土地区,施工时更应特别注意。

(2)人工地基应选用同一类土,分层进行夯填取样检验,控制分层厚度。

(3)在冬季前后,无论是地基或已浇完混凝土垫层的池底,均应防止受冻。施工时,应采取有计划预留土方的方法,或预先准备必要的覆盖材料,按照气温条件在地基或混凝土垫层上覆盖草垫等保温材料,以避免地基受冻。

4. 治理方法

在水池施工前出现的地基扰动,原则上应挖除扰动部分,再用 C10 混凝土填充至设计范围及高程。挖除扰动部分土时,尽量整层找平挖出,不要局部取土。对于施工后出现的地基下沉及结构开裂,需待变形稳定后再对结构做加固处理。

1.2 池体渗漏

1. 现象

水池试水时,往往出现水位下降、墙体与底板间施工缝漏水或池壁局部渗漏现象。渗漏部分多在底板与预制壁板接缝处、底板与现浇墙施工缝处、水池角隅处,有时在现浇混凝土墙浇筑缺陷部位。

2. 原因分析

(1)原材料不合格,如石子级配不良,砂子云母含量超过 1% 及含泥量超过 3% ,都会严重降低防水混凝土的抗渗性能。

(2)地基不均匀沉陷及混凝土与基岩结合时约束混凝土的收缩等,均可造成池底开裂,这是造成渗漏的主要原因。

(3)池底与墙体交接处施工缝质量不合要求,造成该处局部渗水。

(4)水池池壁由于混凝土收缩产生贯穿性裂缝或因振捣不实、混凝土密实性不好造成渗漏。水池角隅处出现裂缝导致渗漏。

(5)施工过程中由于温度和湿度变化使混凝土产生收缩和膨胀引起的附加应力,导致池壁开裂。

3. 预防措施

(1)加强混凝土原材料管理、检验和搅拌计量工作,严格控制砂子含泥量不超过 3% ,砂子云母含量不超过 1% ,石子含泥量不超过 1% 。

(2)混凝土底板浇筑前,应检查地基地质是否与设计资料相符,如有变化应加以处理。如地基稍湿而松软时,可在其上铺以厚 10 cm 的砾石层,夯实后再浇筑混凝土垫层。对于坐落在岩石层上的池体,首先在经过处理但又平整的岩石上浇筑一层混凝土找平层,在找平层和钢筋混凝土间铺设滑动层,使钢筋混凝土底板和找平层之间可以滑动,减小岩石基础对钢筋混凝土底板的约束力。滑动层一般采用沥青油脂或一毡二油。

(3)采用 400 mm 宽、2 mm 厚的钢板作为施工缝处的止水带,其防水效果较好。

①施工方便:将钢板止水带按要求加工成一定的长度,在施工现场安装就位后进行搭接焊即可。

②不易变形且便于固定,止水板下部可支承在对拉螺栓上,上部用钢筋点焊夹住固定在池壁两侧的模板支撑系统上。

③施工缝上下止水板均高 200 mm,爬水坡度大,高度也较大,具有较好的防渗漏效果。

(4)底板、池壁现浇混凝土必须一次浇筑,不得留施工缝,严格按照设计和施工规范要求做好底板与墙体间的水平施工缝。注意施工缝部位的清理和捣固质量以及施工缝处模板的安装。必须留施工缝时,应做成垂直结合面,不得做成斜坡结合面,并注意结合面附近混凝土的密实度。

(5)可以在池壁角隅处、池壁与水池底板角隅处设置构造梁柱,增强该部位的抗扭和抗裂性。敞开式水池往往在池壁顶部先开裂,池壁顶端宜设置暗梁,高度不得小于池壁厚度内外两侧各配置不少于 3Φ16 的受力水平钢筋,以加强上口的抗裂性能;在池壁的转角和内隔墙与外池壁交接处也宜设置暗柱,以改善节点的受力效果和加强钢筋的锚固及抗裂性能。如果池壁太长,可以每隔一段距离设置暗柱。

(6)在承载力和抗裂计算中要考虑温度和湿度造成的内力,配置适量的构造钢筋以抵抗可能出现的温度和湿度应力。还可以采取保温隔热、选择合适的低水化热水泥、严格控制水泥用量和水灰比、加强养护等措施来抵抗混凝土的收缩与膨胀。

4.治理方法

(1)加底。如底板发生裂缝,可将底板表面凿毛,清洗干净,在底板上铺钢筋网片,浇筑C30 混凝土。

(2)加底及加壁。如池底和池壁均开裂渗漏,应将部分池顶拆除,把池内油污清洗干净,然后将池底及池壁内侧全部凿毛,在底板和池壁内侧铺设钢筋网,浇筑 C30 混凝土。

(3)水池砖壁渗漏处理时,砖壁池的内抹灰层是不渗漏的关键。一旦砖壁和抹灰层本身因种种原因出现裂缝,就不可避免地发生渗漏。其修理方法是将池壁内杂物清理干净,如存在油污,尚应用碱水冲洗,然后将水泥砂浆抹灰面上的裂缝凿出 V 形口,用环氧胶泥填缝,表面铺贴二布三胶封闭层。如内抹灰满布龟裂缝,应将抹面全部铲除重做。

1.3　水池浮起

1.现象

钢筋混凝土清水池在施工过程中,因基坑排水跟不上或因雨水流入基坑,在池顶正在施工或虽已施工但覆土之前造成水池上浮,有时会导致池底板、池顶盖和柱开裂、漏水。

2.原因分析

(1)施工人员对水池施工时基坑配水的重要性缺乏认识,不认为水池埋在地下会浮起;施工单位防汛意识不强,降排水防范措施不周全,没有起任何作用。

(2)设计不到位。在蓄水池的合理设计中,选用的地下水位数据有误,没有经过严格的考察和数据分析,从而造成水池抗浮力不足,加上水池常年被水浸泡导致池底板刚度不够,进而出现水池上浮现象。

(3)排畅不通。由于施工质量不达标,导致水池底部不是很平整,这样就会在底部低处出现积水,长时间没有得到有效的清理,一些施工污水在低洼处很难排出,长时间的浸泡导致在此处出现水池底部上浮现象。

3. 预防措施

(1)水池的底面标高应尽可能高于地下水位,以避免地下水对水池的浮托作用,当必须建造在地下水位以下时,池顶覆土是一种简便有效的抗浮措施。凡是采用覆土抗浮的水池,在施工阶段覆土以前,应采取降低地下水或排除地表滞水的措施;也可以将水池临时灌满水,以避免发生空池浮起,但后一种方法只适宜在闭水试验后采用。

(2)对钢筋混凝土水池抗浮进行有效的设计。在水池四周对称挖出几口排水井,以利于及时抽水降低地下水位;在水池的构造上,池壁、底板的受力钢筋宜采用小直径钢筋和相对较密的钢筋;清洁池底,在钢筋混凝土水池的池底施工时要严把质量关,保证其平整性一致,定期清理池底垃圾,防止堵塞沉积。

(3)在基坑回填之前要敞开水池下部的出水管,一旦基坑内有积水可以自由流入水池内;如果基坑已回填,水池下部的出水管已封死,可在水池内先存水,直到顶盖完工覆土。

4. 治理方法

水池浮起后,要认真进行分析,确定浮起造成的损害程度,慎重进行处理。一般来说,水池浮起后对水池产生的破坏不严重,经复位和修补处理后不影响使用。

(1)如水池浮起时间短,基坑土壁较稳定,池底周边没有淤泥,可以采取排除基坑内存水的措施,使水池下沉复位。

(2)若水池浮起时间较长,或由暴雨引起水池浮起,在水池底板周边已有淤泥,则排出基坑内存水的同时水池内的水也要同步排出。用高压水枪清除水池底周边淤泥,使水池复位,在清除过程中尽量做到相对平衡,以防因局部下降过快而损坏池体。

(3)若水池浮起引起水池底、顶板和柱子裂缝,复位后需分别对其进行补强处理。底板有裂缝时,通常先凿去抹灰砂浆,池底凿毛冲洗干净,浇筑一层 4~6 cm 厚配有钢丝网的细石混凝土,再重新抹防水砂浆;池顶板有裂缝时,复位后一般都能基本闭合,只要池顶板两侧抹砂浆即可。柱子出现裂缝一般都在两端,可根据裂缝宽度进行处理,若裂缝宽度小于 0.5 mm,可采取环氧树脂压力灌浆修补裂缝;若裂缝宽度大于 0.5 mm,可采取加筋外包方法加固处理。

(4)在对水池容积影响不大的情况下,可采取池内底板增加压重层的方法处理。在拱裂的底板上加 0.3 m 厚钢筋混凝土压重层,新加钢筋网与原底板钢筋网用粗钢筋焊连,使新旧底板共同起抗浮作用。

任务 2　烟囱工程质量通病分析及预防

2.1　筒身裂缝

1. 现象

钢筋混凝土烟囱筒身出现竖向裂缝比较多,主要集中在筒身中上部,看上去较大。横向裂缝也较多,但整体来说较竖向裂缝少。

2.产生原因

(1)作用于烟囱的常规静、动荷载过大或产生次应力。在设计计算阶段,计算模型不合理、设计断面不足、结构计算时部分荷载漏算、构造处理不当等都会使烟囱在荷载的作用下产生因应力集中而出现的微裂缝。裂缝依荷载不同而呈现不同的特点,多分布在受拉区、受剪区。

(2)烟囱温度变化频繁或温差过大。当由于温度应力使烟囱发生变形而遭到约束时,就会在结构内产生应力,应力超过烟囱的抗拉强度就会产生温度裂缝,从而导致烟囱外壁裂缝、钢筋外露。

(3)混凝土的收缩也是造成烟囱开裂的一个重要因素。

(4)烟囱施工质量不良。在施工过程中,由于施工工艺不合理、施工质量差以及结构构件强度不足等,导致烟囱产生纵向、横向、深浅不一的各种裂缝。

(5)在滑模施工过程中,筒壁施工缝未严格按照要求进行留置,导致此处出现水平裂缝。

3.预防措施

(1)试配混凝土时宜选用同品种、同标号的普通硅酸盐水泥,最大水泥用量不应超过 450 kg/m³,水灰比不宜大于 0.5,宜掺用外加剂。用水量计量必须准确,以免水灰比过大造成水平裂缝。保证不少于 7 d 的养护时间,避免因养护不良造成干裂。

(2)对模板竖缝,在模板之间一定要增加一定量的撑筋和钢筋保护层垫块,在上下两个对拉螺栓中部也要加保护层垫块,在靠近模板竖缝处振捣混凝土时还要特别注意,速度要慢。同时,为筒身施工缝处理、隔热层的填充以及双滑和内砌外滑施工方法等的改进编制可行的质量保证措施也是必要的。

(3)为减少滑模施工时摩阻力过大极易造成的水平裂缝,施工时要注意:模板在施工时不得出现上口大、下口小的倒锥现象,以免增加摩阻力,拉裂已浇筑的筒壁;浇筑混凝土时,应随时清理粘在模板内表面的砂浆或混凝土,以免结硬而影响表面光滑,增加摩阻力;滑升速度必须与混凝土早期强度增长速度相适应,要求混凝土在脱模时不塌落、不拉裂、脱模强度不低于 0.2 MPa,滑升速度可控制在 20～30 cm/h 内,个别情况下最低不小于 10 cm/h,最大不大于 40 cm/h;为使模板与混凝土表面摩阻力控制在适宜范围内,在正常滑升时,二次提升时间间隔一般不宜超过 1 h,气温较高时应增加 1～2 次中间提升,每次提升高度为 1～2 个行程。因施工或其他原因不能连续滑升时,应采取切实可行的停滑措施。

(2)设计时,考虑内侧配筋对外侧钢筋的不利影响,采用块状隔热材料,提高内衬和隔热材料的安全储备,改进烟囱的结构形式,在某些高温和腐蚀性大的烟囱中推广筒中筒、多筒和全负压烟囱。

(3)模板应有足够的强度、刚度和稳定性,模板缝隙要堵塞严密,杜绝因胀模、变形造成错台或不平、漏浆。

(4)使用中制定合理的生产工艺,严格热工操作制度。

4. 治理方法

烟囱裂缝多属自平衡约束内力过大产生的变形裂缝,在合理的使用条件下裂缝趋于稳定,新裂缝不再出现,不危及烟囱结构安全。因此,只要对烟囱做补缝、填空、防腐处理,可不进行加固。

(1)宽度小于0.3 mm的裂缝可用树脂涂料封闭,或用压力注浆,宽度为0.3~0.6 mm的裂缝可在裂缝处凿一条宽20 mm、深3~7 mm的槽,用压力水冲洗干净,在槽内涂一层约0.2 mm的树脂涂料,再用树脂砂浆修补平整。

(2)选择补缝裂缝观测点并做出标记,留待以后观察裂缝变化,其余部分刷防腐涂料。

(3)如果内衬或保温层破损,还要对内衬或保温层进行检修。

2.2　筒身截面凹凸失圆

1. 现象

从侧面看,烟囱竖向不顺直,有凹凸起伏或失圆现象,影响烟囱的观感质量,严重时将影响烟囱结构的受力性能。

2. 原因分析

(1)模板安装不符合要求,不牢固,不能及时检查和纠正,造成烟囱失圆、凹凸不平,且有时滑模出现中心偏移,发现后纠偏过急,筒壁出现一侧凹、一侧凸。

(2)滑模施工时,模板调径收分尺寸不均匀,每次滑升高度不一致,收分尺寸大时筒身内凹,收分尺寸小时筒身外凸。

(3)混凝土出模强度忽高忽低,差别较大,当滑升速度较快或夜间施工时,出模强度相应低一些,烟囱筒壁出模尺寸接近模板的下口,导致混凝土出模后下坠,形成外凸状。当滑升速度较慢或白天中午施工时,出模强度相应高一些,烟囱筒壁出模尺寸接近模板1/2高度处。由于滑模模板设计有锥度,混凝土脱模的不同,筒壁厚度尺寸也有差异,筒壁厚度偏大时外凸,反之则内凹。

3. 预防措施

(1)收分计算要正确。模板收分的尺寸可根据每次提升的高度和烟囱设计的坡度求出,即烟囱半径收分尺寸是滑模每次提升高度乘以烟囱设计坡度;采用移置模板施工时,模板收分尺寸可根据每节筒身模板的高度和烟囱设计坡度求出,即烟囱半径收分尺寸是每节筒身模板的高度乘以烟囱设计坡度。

(2)收分控制要严格。模板的收分控制通过安装在操作平台辐射梁上的调径装置来实现,调径装置由专人负责。每提升一次模板,即准确按计算收分尺寸拧动一次调径装置的丝杠,完成一次收分。采用移置模板施工时,每节筒身模板以下节模板边缘为标准,根据计算收分尺寸,准确算出混凝土新浇筑面标高的筒身实际半径,以此固定内外模板,完成一次收分,整个过程中必须对称调径收分。

(3)收分测定要准确。每提升两次或移置模板施工时,每节筒身的移置模板都要严格检查一次模板的半径,检查方法是按新浇筑面标高的筒身计算半径,在尺杆上做出标记,采用激光铅直仪或吊线法找中,然后实测模板的半径和几何中心并做记录,作为继续提升或下节筒身移置模板调整半径的依据,实测半径要符合设计要求,模板几何中心对烟囱中心的偏差不超过5 mm。

(4)滑模施工时要严格按模板安装工序进行,内外模板安装工序为:内模板—绑扎钢筋—外模板。模板各部件安装工序为:固定围圈调整装置—固定围圈—活动围圈顶紧装置—活动围圈—活动模板及收分模板。当滑模出现中心偏移时,纠偏要平缓分次进行,每米滑升高度纠偏不要超过 20 mm。滑升速度要与混凝土出模强度密切配合,尽量控制出模强度均匀一致。

(5)模板安装完后要严格检查半径、坡度、壁厚和钢筋保护层,如有偏差及时纠正;严格检查内模板与中心井架间支撑的数量和支撑点的固定情况、外模板钢丝绳与紧跳器的旋紧情况,施工时还要密切注意内模支撑是否松动;严格检查附着式三脚架螺栓的旋紧情况和穿心套管有无碎裂。

(6)在滑模施工过程中,尽量避免操作平台受力不均,造成平台倾斜,保证平台重心在几何中心上。

(7)浇筑混凝土时沿筒壁圆周均匀、对称分层进行,浇筑厚度严格控制在 250~300 mm;振捣混凝土时不得振动模板、钢筋和滑模支撑杆。应根据具体情况,通过试验制定分层浇筑振捣时间指标,振捣要密实但不得过振。

4.治理方法

要以预防为主,一旦出现肉眼观察明显的筒壁凹凸或失圆现象,应及早进行修补,采用剔凿与补衬相结合的方式修补,所用水泥要求与滑模混凝土同品种,处理后的筒壁表面应尽可能均匀一致。

2.3　筒身外表面出现拉槽现象

1.现象

筒身外表面出现拉槽现象,主要表现为筒壁混凝土表面出现竖向条状凹槽,一般出现在收分模板处,影响烟囱的观感质量。

2.原因分析

(1)收分模板变形。

(2)未及时抽出抽拔模板,或抽拔模板过早拔出。

(3)收分模板与抽拔模板的叠合裂缝内有残存的混凝土或砂浆没有及时清理。

3.预防措施

(1)施工中要使收分模板紧贴抽拔模板,收分模板要用弹性较好的钢板制作。

(2)正确掌握抽拔时间。

(3)及时清理收分接缝处残存的混凝土或砂浆。

(4)在收分处的抽拔模板部位浇筑混凝土时,不宜强力振捣及不宜紧贴模板振捣。

4. 治理方法

发现新出模的混凝土筒壁有拉槽现象,首先要找出是由什么原因引起的,并立即采取有效措施进行纠正,以免筒壁继续出现拉槽现象。对出现拉槽现象的筒壁,应及早用与混凝土同水泥品种的1:2水泥砂浆抹压找平。

2.4 施工缝位置留设不当

1. 现象

基础施工缝位置没有按规定留设,随意性大,影响了工程结构的整体性。规范规定施工缝留设部位如图7.1所示。

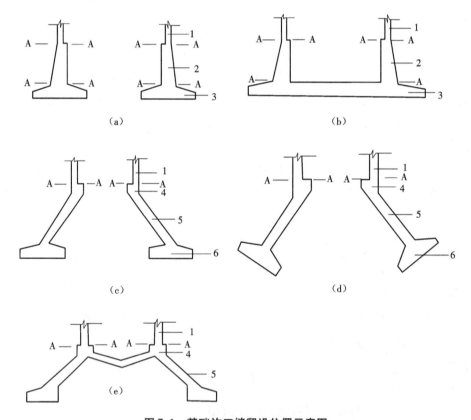

图 7.1 基础施工缝留设位置示意图

(a)环形板式基础 (b)圆形板式基础 (c)截锥组合壳基础 (d)正倒锥组合壳基础 (e)M形组合壳基础

1—筒壁;2—环壁;3—底板;4—环梁;5—壳体;6—环板;A—A—施工缝

2. 原因分析

对于施工缝位置的留设错误,多数都是因为施工人员没有意识到规范和图纸要求的重要性,仅凭个人感觉认为不会对结构安全造成影响,所以在施工过程中没有严格按照规范和图纸的要求进行留设,还有就是施工前的准备工作不充分或考虑问题不周全,施工时条件满足不了基础整体连续施工的要求,造成一些不应有的施工缝。

3. 预防措施

首先,在施工前,施工人员要认真熟悉规范和图纸,了解施工缝留设的注意事项;其次,施工单位要加强技术交底工作,使施工人员认识到烟囱基础工程整体连续浇筑的重要性及不按要求留置施工缝的危害;最后,施工过程中,加强质量监督检查,保证施工材料、机具、人员安排要具体到位,多考虑一些不利因素,确保基础工程整体连续浇筑。

4. 治理方法

对已经出现规范规定以外的施工缝,要暂停施工,了解发生的原因,制定出后期施工能保证混凝土整体质量的措施,同时,要对施工缝进行认真的处理,将已浇筑的混凝土表面凿毛,用水冲洗干净并充分湿润,先铺一层1:1水泥砂浆,浇筑混凝土时加强施工缝部位的振捣,使其结合良好,减少其对烟囱基础整体性的不利影响。

2.5　砖烟囱囱身竖向开裂及竖向灰缝过大

1. 现象

砖烟囱在刚竣工经烘干或使用后,囱身往往产生一些竖向裂缝。裂缝出现的部位不定,有的沿筒身砖缝开裂,有的沿砖块中间开裂,有时出现在内衬上,有时出现在筒身上。

按《烟囱工程施工及验收规范》(GB/T 50078—2008)规定,砖烟囱砌体垂直灰缝的宽度为10 mm,在5 m^2 的砌体表面上抽查10处,只允许其中有5处灰缝厚度增大5 mm,否则,均属于竖向灰缝过大。这种现象既影响烟囱的工程质量,也影响烟囱的美观,在内衬中还会降低其隔热及防腐性能。

2. 原因分析

(1)施工材料和工艺有问题,如砖或水泥存在质量问题,砖使用前未提前浸水或拌制砌筑砂浆的砂砾过粗、施工过程中工人操作不规范。

(2)由于施工操作不到位和使用不当,导致内衬砌筑质量差、灰缝不密实、隔热层的隔热性能降低,进而筒壁内外温差加大,导致裂缝发生或使裂缝加大。在施工和使用过程中,灰渣和烟尘掉入空气隔热层中,使隔热效果降低,筒壁内外温差加大。烟气温度过高,烟气中的腐蚀介质腐蚀内衬;内衬砌筑质量差,导致使用后内衬破损和开裂。

(3)技术交底不清或施工管理不严,施工人员违反操作规程,没有按要求将砖加工成异型,或应采用丁砌法而采用了顺砖和丁砖交叉砌法施工,导致筒壁竖向灰缝过大。

(4)烘干过程中温度控制不当,使筒体开裂。生产工艺变化使筒体内温度过高,内外壁温差太大,引起裂缝。

(5)用煤气作为燃料时,在点火时,有时会发生混合气体在砖烟囱内爆炸,导致烟囱裂缝。

3. 预防措施

(1)砖烟囱筒壁应用标准型或异型的一等烧结黏土砖砌筑,组砌方法应正确,砖和砂浆的强度等级必须符合设计要求,砂浆配合比应采用重量比,其稠度为 80 ~ 100 mm。筒壁砌体的灰缝必须饱满,垂直灰缝宜采用挤浆和加浆方法。在常温施工时,应提前将砖浇水湿润,其含水率为 10% ~ 15%。

(2)要制定防止砂浆及砖渣掉入隔热层的措施,并在施工中认真监督检查。

(3)温暖季节施工的烟囱可于临近使用前烘干和加热;用冻结法施工的烟囱,在施工结束后必须立即烘干,并在使用前进一步烘透和加热;通风烟囱可不烘干。如有烘干要求,要严格控制烘烤升温和降温速度。升温时控制在平均每小时上升 11 ~ 14 ℃,最高温度控制为 250 ℃(无内衬)或 300 ℃(有内衬);降温时控制在每小时不大于 50 ℃,待降温到 100 ℃时,应把烟道口用砖堵死,防止冷风吹入引起砌体急剧收缩而导致裂缝产生。

4. 治理方法

(1)对于宽度在 20 mm 以内的裂缝,应用压缩空气清扫浮灰,用水泥浆加压灌注,然后进行表面勾缝;对于宽度大于 20 mm 的裂缝,用压缩空气吹净,浇水湿润,然后用 APL – 70 型灌浆料灌注;如果裂缝宽度较大,并且数量较多,影响到结构的整体性,除按上述方法灌注外,再用钢板箍加固。

(2)对内衬开裂的部位,清除缝内浮灰,然后用三聚磷酸钠耐火材料填补。对内衬局部损坏的部位采用挖补的方法处理,将损坏的砖抽出,砌筑新砖。

(3)如果只有少数竖向灰缝过大,可用做假缝的方法处理。在 5 m² 砌体表面上抽查 10 处,灰缝宽度增大 5 mm 以内多于 5 处,或虽不多于 5 处,但灰缝宽度增大超过 5 mm,应进行返工处理。

本章习题

一、选择题

1. 水池施工质量通病主要有( )三种。

A. 地基扰动　　　　　　　　　B. 池体渗漏

C. 水池浮起　　　　　　　　　D. 预应力损失

E. 池体混凝土不密实

2. 水池所用混凝土的原材料管理、检验和搅拌计量工作要严格,须控制砂子含泥量不超过( )%,砂子云母含量不超过( )%,石子含泥量不超过 1%。

A. 3　　　　　　B. 1　　　　　　C. 1.5　　　　　　D. 2　　　　　　E. 4

3. 对于坐落在岩石层上的池体,首先在经过处理但又平整的岩石上浇筑一层混凝土找平层,在找平层和钢筋混凝土间铺设( )。

A. 垫层　　　　B. 隔离层　　　　C. 滑动层　　　　D. 防水层　　　　E. 保温层

4. 水池底板发生裂缝,可将底板表面凿毛,清洗干净,在底板上铺钢筋网片,浇筑( )混凝土。

A. C10　　　　　B. C15　　　　　C. C20　　　　　D. C25　　　　　E. C30

5. 钢筋混凝土烟囱筒身出现( )裂缝比较多,主要集中在筒身中上部,看上去较大。

A. 横向   B. 斜向   C. 竖向   D. 纵横   E. 水平

6. 浇筑烟囱混凝土时沿筒壁圆周均匀、对称分层进行,浇筑厚度严格控制在(   )mm。

A. 100～150   B. 250～300   C. 300～350   D. 150～200   E. 200～250

7. 按《烟囱工程施工及验收规范》(GB/T 50078—2008)规定,砖烟囱砌体垂直灰缝的宽度为(   )mm。

A. 10   B. 25   C. 15   D. 20   E. 30

8. 筒身外表面出现(   )现象,主要表现为筒壁混凝土表面出现竖向条状凹槽。

A. 刻痕   B. 拉毛   C. 拉槽   D. 裂纹   E. 龟裂

9. 在浇筑混凝土筒身过程中,当滑模出现中心偏移时,纠偏要平缓分次进行,每米滑升高度纠偏不要超过(   )mm。

A. 20   B. 25   C. 15   D. 10   E. 30

10. 砖烟囱筒壁应用标准型或异型的一等烧结黏土砖砌筑,组砌方法应正确,砖和砂浆的强度等级必须符合设计要求,砂浆配合比应采用重量比,其稠度为(   )mm。

A. 100～150   B. 80～100   C. 300～350   D. 150～200   E. 100～250

二、简答题

1. 水池地基被扰动的原因是什么?水池地基被扰动的预防措施是什么?

2. 水池池体渗漏的现象是什么?当水池底板出现渗漏时,该如何处理?

3. 对烟囱混凝土的基本要求是什么?

4. 烟囱采用滑模施工的技术要求是什么?

5. 分析烟囱圆筒截面凹凸失圆的原因。

6. 烟囱表面出现拉槽时,该如何处理?

7. 试分析砖砌烟囱的施工缝留置位置不准确的原因。

8. 如何预防砖砌烟囱的竖向裂缝?

参考文献

[1]　彭圣浩.建筑工程质量通病防治手册[M].北京:中国建筑工业出版社,2011.

[2]　李志明.建筑工程混凝土结构质量通病与防治措施探讨[J].中国城市经济,2011(15):250-251.

[3]　孟文清.建筑工程质量通病分析与防治[M].郑州:黄河水利出版社,2010.

[4]　邹绍明.建筑施工技术[M].重庆:重庆大学出版社,2007.

[5]　中华人民共和国住房和城乡建设部.建筑工程施工质量验收统一标准:GB 50300—2013[S].北京:中国建筑工业出版社,2014.

[6]　中华人民共和国住房和城乡建设部.建筑地基基础工程施工质量验收标准:GB 50202—2018[S].北京:中国计划出版社,2018.

[7]　中华人民共和国住房和城乡建设部.钢结构工程施工规范:GB 50755—2012[S].北京:中国建筑工业出版社,2012.

[8]　中华人民共和国住房和城乡建设部.混凝土结构工程施工质量验收规范:GB 50204—2015[S].北京:中国建筑工业出版社,2015.

[9]　中华人民共和国住房和城乡建设部.砌体结构工程施工质量验收规范:GB 50203—2011[S].北京:中国建筑工业出版社,2012.

[10]　中华人民共和国住房和城乡建设部.屋面工程质量验收规范:GB 50207—2012[S].北京:中国建筑工业出版社,2012.

[11]　中华人民共和国住房和城乡建设部.地下防水工程质量验收规范:GB 50208—2011[S].北京:中国建筑工业出版社,2012.

[12]　中华人民共和国住房和城乡建设部.建筑地面工程施工质量验收规范:GB 50209—2010[S].北京:中国计划出版社,2010.

[13]　中国建筑标准设计研究院.矩形钢筋混凝土蓄水池:05S804[S].北京:中国计划出版社,2007.

[14]　中华人民共和国住房和城乡建设部.烟囱设计规范:GB 50051—2013[S].北京:中国计划出版社,2013.

[15]　中华人民共和国住房和城乡建设部.建筑装饰装修工程质量验收标准:GB 50210—2018[S].北京:中国建筑工业出版社,2018.